机器学习在甲骨文信息处理中的应用探索

史小松　黄勇杰　著

科学技术文献出版社
SCIENTIFIC AND TECHNICAL DOCUMENTATION PRESS

·北京·

图书在版编目（CIP）数据

机器学习在甲骨文信息处理中的应用探索 / 史小松，黄勇杰著. —北京：科学技术文献出版社，2019.11

ISBN 978-7-5189-6216-7

Ⅰ.①机… Ⅱ.①史… ②黄… Ⅲ.①机器学习—应用—甲骨文—汉字信息处理—研究 Ⅳ.① TP391.12

中国版本图书馆 CIP 数据核字（2019）第 256135 号

机器学习在甲骨文信息处理中的应用探索

策划编辑：张 丹　责任编辑：李 晴　责任校对：王瑞瑞　责任出版：张志平

出 版 者	科学技术文献出版社
地 址	北京市复兴路15号　邮编　100038
编 务 部	(010) 58882938，58882087（传真）
发 行 部	(010) 58882868，58882870（传真）
邮 购 部	(010) 58882873
官 方 网 址	www.stdp.com.cn
发 行 者	科学技术文献出版社发行　全国各地新华书店经销
印 刷 者	北京虎彩文化传播有限公司
版 次	2019 年 11 月第 1 版　2019 年 11 月第 1 次印刷
开 本	710×1000　1/16
字 数	211千
印 张	12
书 号	ISBN 978-7-5189-6216-7
定 价	48.00元

前　言

　　机器学习是一门多领域交叉学科，涉及概率论、统计学、逼近论、凸分析、算法复杂度理论等多门学科，专门研究计算机怎样模拟或实现人类的学习行为，以获取新的知识或技能，重新组织已有的知识结构使之不断改善自身的性能。简单来说，就是根据数据或以往的经验，优化计算机程序的性能标准。同时，机器学习还是一门人工智能的科学，该领域的主要研究方向是人工智能，特别是如何在经验学习中改善具体算法的性能。

　　目前，机器学习已成为新的学科，融合各种学习方法且形式多样的集成学习系统研究正在兴起。机器学习与人工智能各种基础问题的统一性观点正在形成，各种学习方法的应用范围不断扩大，部分应用研究成果已转化为产品。

　　甲骨文距今已有 3500 年历史，是迄今为止中国所发现的最早的古文字，是公元前 14 世纪商王盘庚迁都后至公元前 11 世纪商纣亡国的 270 年左右的商代王室占卜记录，其中涉及王事、农业、天象、吉凶、祭祀、征伐、使令、往来、婚娶等社会内容，具有重要的史料价值。甲骨文是汉字的鼻祖，传承着中华民族文化。目前，甲骨文已入选《世界记忆名录》，这表明甲骨文的价值得到了全世界的公认。

　　随着信息技术的发展，古文字信息化的研究逐渐提上了日程。2001 年在华东师范大学召开的"古文字信息化处理国际学术研讨会"上，与会专家就古文字信息化处理各个方面的问题做了广泛的探讨。

　　近几年在计算机处理甲骨文方面已有所改变，很多研究机构开始建设甲骨文字库，做得比较好的如香港中文大学，其不但建设了甲骨文字库，还建设了甲骨文资料库，并在网上发布，极大地方便了甲骨文研究者的研究工作。然而，对甲骨文的研究还存在很多问题。例如，相较于比较成形的文字系统，甲骨文还具有一定的复杂性。同时，甲骨文数字资源缺乏知识层次的统一描述，这给甲骨文信息利用和共享造成了困难，传统孤立地研究甲骨文的方法已无法取得突破性的进展。机器学习是研究怎样使用计算机模拟或实现人类学习活动的科学，不仅在基于知识的系统中得到应用，而且在自然语言理解、非单调推理、机器视觉、模式识别等许多领域得到了广泛应用。甲骨文作为一种古文字，其研究涉及字形、语义、图像等各个方面，利用机器学习技术研究甲骨文已成为必然趋势。

　　本书简单回顾了机器学习的基本概念，以及机器学习的研究方法和进展，着重介绍了隐马尔可夫模型和支持向量机两种机器学习方法在甲骨文信息处理中的应用情况。本书的组织结构如下：第1章是关于机器学习的概念及其相关技术和研究现状；第2章介绍了甲骨文信息化的概念和研究现状，对甲骨文著录信息化系统进行了详细描述，同时从语料加工和字形拆分方面对甲骨文字形进行了分析研究；第3章利用自然语言处理技术对甲骨卜辞进行了分析，实现了基于隐马尔可夫模型的机器自动分词和词性标注；第4章详细介绍了支持向量机技术的基本理论知识，分析了预处理时涉及的相关知识，最终利用支持向量机技术对甲骨文字形分类进行了研究；第5章分析了甲骨文图像研究现状和支持向量机在图像检测和定位方面的应用研究，提出了支持向量机应用于甲骨拓片文字定位中的方法。史小松老师主要编写整理了第1、第4和第5章，黄勇杰老师主要编写整理了第2和第3章。

本书的相关工作得到了教育部、国家语委甲骨文研究与应用专项项目（YWZ-J010），教育部、国家语委甲骨文等古文字研究与应用专项重点项目（YWZ-J023），国家社会科学基金重大委托项目（16@ZH017A3），国家自然科学基金项目（61806007），国家自然科学基金项目（U1804153），以及教育部"甲骨文信息处理"创新团队、安阳师范学院甲骨文信息处理教育部重点实验室、河南省甲骨文信息处理重点实验室、汉语海外传播河南省协同创新中心的大力支持，在此表示衷心的感谢。书中各章末尾列举了主要的参考文献，在此对所引参考文献的作者和出版机构表示感谢。

本书在编写和修改过程中，得到了安阳师范学院甲骨文信息处理教育部重点实验室、河南省甲骨文信息处理重点实验室主任刘永革教授的关心和帮助，同时也得到了实验室熊晶老师、焦清局老师的热心帮助，在此向他们表示感谢。

本书尽可能地介绍了机器学习和甲骨文信息处理各个方面的内容，但由于笔者水平有限，书中难免存在疏漏和不足之处，欢迎各位专家和读者批评指正。

目　录

第 1 章

绪 论

1.1 引言

甲骨文距今已有 3500 年的历史，是公元前 14 世纪商王盘庚迁都后至公元前 11 世纪商纣亡国的 270 多年间商代王室的占卜记录，其中，涉及王事、农业、天象、吉凶、祭祀、征伐、使令、往来、婚娶等社会内容，具有重要的史料价值。对于甲骨文这一最早的中国古文字，前人对其的研究非常多，对于甲骨文的识别、整理等已经发展成为一门学科——甲骨学。随着信息化的深入和知识发现等概念的提出，传统的甲骨学研究缺乏规范性的弊端也逐渐凸显出来，甲骨文数字资源缺乏知识层次的统一描述，这给甲骨文信息利用和共享造成了困难。

随着信息技术的发展，古文字信息化的研究逐渐提上了日程。2001 年在华东师范大学召开的"古文字信息化处理国际学术研讨会"上，与会专家就古文字信息化处理各个方面的问题做了广泛的探讨。

近几年在计算机处理甲骨文方面已有所改变，很多研究机构开始建设甲骨文字库，做得比较好的如香港中文大学，他们不但建设了甲骨文字库，还建设了甲骨文资料库，同时在网上发布，极大地方便了甲骨文研究者的研究工作。

目前，国内许多学者对于甲骨文的数字化做了很多研究，开发了一系列的软件和系统，如甲骨文输入法、甲骨文字库等，在此基础上采用机器学习技术对甲骨文进行分词、识别、分类等进一步研究正在成为越来越受关注的问题。甲骨文信息化处理正备受研究者青睐。

1.2 机器学习概述

1.2.1 机器学习的基本概念

机器学习是一门多领域交叉学科，涉及概率论、统计学、逼近论、凸分析、算法复杂度理论等多门学科。专门研究计算机怎样模拟或实现人类的学习行为，以获取新的知识或技能，重新组织已有的知识结构使之不断改善自身的性能。

机器学习是根据数据或以往的经验，优化计算机程序的性能标准。同时，机器学习是一门人工智能的科学，该领域的主要研究方向是人工智能，特别是如何在经验学习中改善具体算法的性能。

机器学习基本概念包括以下内容。

①特征值：将实体特征用数值表达的结果即为该数据的特征值。如图1-1中数据点的坐标值就是这个数据的特征值。

②训练数据：包含实体所有特征的数据，以及该数据的分类结果，训练数据是用于训练出模型的基础数据。

③测试数据：包含实体所有特征的数据，以及该数据的分类结果，测试数据用于测试出该数据模型是否符合要求的数据。

④拟合：通过训练集积累经验，并用测试集测试经验，所得出的模型和数据的匹配度，如图1-1所示，将数据放入平面直角坐标系中，用函数表示数据分布的情况，这条表示数据分布情况的函数就是这组数据用机器学习得出的拟合。

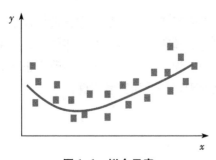

图1-1 拟合示意

⑤欠拟合：模型和训练数据拟合度过低，导致与共性较少的数据仍能符合现有模型，使模型预测正确率降低（图1-2）。

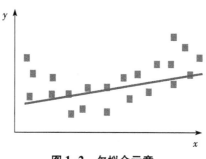

图 1-2　欠拟合示意

⑥过拟合：模型和训练数据拟合度过高，导致有过度特殊数据被包含进现有模型，使模型预测正确率降低（图1-3）。

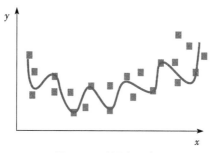

图 1-3　过拟合示意

1.2.2　机器学习的发展历程

机器学习实际上已经存在了几十年或者也可以认为存在了几个世纪。从20 世纪 50 年代研究机器学习以来，不同时期的研究途径和目标并不相同，可以划分为 4 个阶段。

第 1 阶段是 20 世纪 50 年代中叶到 60 年代中叶，这个时期主要研究"有无知识的学习"。这类方法主要是研究系统的执行能力。这个时期，主要通过对机器的环境及其相应性能参数的改变来检测系统所反馈的数据，就好比给系统一个程序，通过改变它们的自由空间作用，系统将会受到程序的影响而改变自身的组织，最后这个系统将会选择一个最优的环境生存。在这个时期最具有代表性的研究就是 Samuet 的下棋程序。但这种机器学习的方法还远不能满足人类的需要。

第 2 阶段从 20 世纪 60 年代中叶到 70 年代中叶，这个时期主要研究将各个领域的知识植入系统里，本阶段的目的是通过机器模拟人类学习的过程。同时还采用了图结构及其逻辑结构方面的知识进行系统描述，在这一研究阶段，主要是用各种符号来表示机器语言，研究人员在进行实验时意识到学习是一个长期的过程，从这种系统环境中无法学习到更加深入的知识。因此，研究人员将各专家学者的知识加入系统里，经过实践证明这种方法取得了一定的成效。在这一阶段具有代表性的工作有 Hayes-Roth 和 Winson 的对结构学习系统方法。

第 3 阶段从 20 世纪 70 年代中叶到 80 年代中叶，称为复兴时期。在此期间，人们从学习单个概念扩展到学习多个概念，探索不同的学习策略和学习方法，且在本阶段已开始把学习系统与各种应用结合起来，并取得了很大的成功。同时，专家系统在知识获取方面的需求也极大地刺激了机器学习的研究和发展。在出现第一个专家学习系统之后，示例归纳学习系统成为研究的主流，自动知识获取成为机器学习应用的研究目标。1980 年，在美国的卡内基梅隆（CMU）召开了第一届机器学习国际研讨会，标志着机器学习研究已在全世界兴起。此后，机器学习开始得到了大量的应用。1984 年，Simon 等 20 多位人工智能专家共同撰文编写的 *Machine Learning* 文集第 2 卷出版，同年国际性杂志 *Machine Learning* 创刊，更加显示出机器学习突飞猛进的发展趋势。这一阶段代表性的工作有 Mostow 的指导式学习、Lenat 的数学概念发现程序、Langley 的 BACON 程序及其改进程序。

第 4 阶段从 20 世纪 80 年代中叶到现在，是机器学习的最新阶段。这个时期的机器学习具有如下特点：

①机器学习已成为新的学科，它综合应用了心理学、生物学、神经生理学、数学、自动化和计算机科学等形成了机器学习的理论基础；

②融合了各种学习方法，且形式多样的集成学习系统研究正在兴起；

③机器学习与人工智能各种基础问题的统一性观点正在形成；

④各种学习方法的应用范围不断扩大，部分应用研究成果已转化为产品；

⑤与机器学习有关的学术活动空前活跃。

1.2.3　机器学习的方法

本部分主要介绍 3 种不同类型的机器学习方法，即监督学习、无监督学习和强化学习。

（1）监督学习

监督学习表示机器学习的数据是带标记的，这些标记可以包括数据类别、数据属性及特征点位置等。这些标记作为预期效果，不断来修正机器的预测结果。具体过程是：首先通过大量带有标记的数据来训练机器，机器将预测结果与期望结果进行比对；其次根据比对结果来修改模型中的参数，再一次输出预测结果；最后预测结果与期望结果进行比对……重复多次直至收敛，最终生成具有一定鲁棒性的模型来达到智能决策的能力。

常见的监督学习有分类和回归。分类（classification）是将一些实例数据分到合适的类别中，它的预测结果是离散的；回归（regression）是将数据归到一条"线"上，即为离散数据生产拟合曲线，因此其预测结果是连续的。

用于执行回归与分类的主要算法有朴素贝叶斯算法、K 邻近算法等。

1）朴素贝叶斯算法

朴素贝叶斯算法（nave bayes，NB）是较为实用的，它可以用数学逻辑解决生活中的很多问题，如何求在一个事件成立的情况下另一个事件发生的概率，即 $P(A \mid B)$（在 B 事件发生的情况下 A 事件发生的概率）等于同时发生 AB 的概率比 B 发生的概率，公式如下：

$$P(A \mid B) = \frac{P(AB)}{P(B)}。\qquad (1-1)$$

2）K 邻近算法

K 邻近算法（K-nearest neighbor，KNN）用大量数据组成训练集，用另外的数据进行测试与调控，并输入新的真实数据，在训练集中找到最为接近的 K 个实例，选取 K 中最多实例的一类作为该真实数据的分类。如图 1-4 所示，若 $K=3$ 时，最接近真实数据圆的 3 个实例中有两个是三角，那么圆属于三角；若 $K=5$ 时，最接近圆的 5 个实例中有 3 个是方块，则圆属于方块。

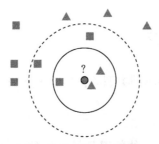

图 1-4　*K* 邻近算法示意

（2）无监督学习

无监督学习表示机器学习的数据是没有标记的。机器从无标记的数据中探索并推断出潜在的联系。常见的无监督学习有聚类、降维。无监督学习虽然整体上分为了聚类和降维两大类，但实际上这两类并非完全正交，很多地方可以相互转化，还有一些变种的算法既有聚类功能又有降维功能，在聚类（clustering）工作中，由于事先不知道数据类别，因此只能通过分析数据样本在特征空间中的分布，如基于密度或基于统计学概率的模型等，从而将不同数据分开，把相似数据聚为一类。

k-means 算法

将大量信息转化为数据，并将相似的数据（距离相近的数据）整合为一类就是 *k*-means 算法。图 1-5 将 4 个相近距离的数据集整合为计算机能识别的 4 个分类，其步骤为：①随机取 *k* 个种子点；②分别求种子点与所有点群几何中心的距离，并归入最近的那个点群；③移动种子到该点群的中心；④重复②③步直到种子点不再移动。

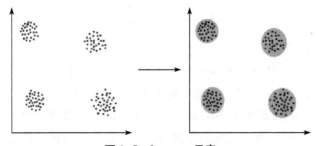

图 1-5　*k*-means 示意

（3）强化学习

强化学习是带激励的，具体来说就是，如果机器行动正确，将施与一定的"正激励"；如果行动错误，也同样会给出一个惩罚（也可称为"负激励"）。因此，在这种情况下，机器将会考虑如何在一个环境中行动才能达到激励的最大化，具有一定的动态规划思想。

强化学习涉及数学（Mathematics）、工程（Engineering）、计算科学（Computer Science）、神经科学（Neuroscience）、心理学（Psycology）和经济学（Economics）等众多学科。强化学习是机器学习的一大分支，介于监督学习和无监督学习之间。与其他机器学习的范式相比，强化学习的特点主要有以下方面：

①学习过程中没有监督者，只有奖励（reward）信号；

②其反馈信号（feedback）是延迟的而非瞬间的；

③强化学习过程与时间序列相关，是一个序贯决策的过程；

④Agent 的 action 会影响到它所接受的序列数据。

1.3　机器学习的研究现状

机器学习是人工智能及模式识别领域的共同研究热点，其理论和方法已被广泛应用于解决工程应用和科学领域的复杂问题。2010 年的图灵奖获得者是哈佛大学的 Leslie Vlliant 教授，其获奖工作之一是建立了概率近似正确（probably approximate correct，PAC）学习理论；2011 年的图灵奖获得者是加州大学洛杉矶分校的 Judea Pearll 教授，其主要贡献为建立了以概率统计为理论基础的人工智能方法。这些研究成果都促进了机器学习的发展和繁荣。

机器学习是研究怎样使用计算机模拟或实现人类学习活动的科学，是人工智能中最具智能特征、最前沿的研究领域之一。自 20 世纪 80 年代以来，机器学习作为实现人工智能的途径，在人工智能界引起了广泛的兴趣，特别是近十几年来，机器学习领域的研究工作发展很快，它已成为人工智能的重要课题之一。机器学习不仅在基于知识的系统中得到应用，而且在自然语言理解、非单调推理、机器视觉、模式识别等许多领域也得到了广泛应用。一个系统是否具有学习能力已成为是否具有"智能"的一个标志。机器学习的研究方向主要分为两类：第一类是传统机器学习的研究，该类研究主要是研究学习机制，注重探索模拟人的学习机制；第二类是大数据环境下机器学习的研究，该类研究主要是研究如何有效利用信息，注重从巨量数据中获取隐藏的、有效的、可理解的知识。

目前，传统机器学习的研究主要体现在文本分类、计算机安全、目标检测等问题上。下边主要对文本分类问题、目标检测问题的研究进行简单分析。

1.3.1　文本分类

自动文本分类就是在给定的分类体系下，由计算机系统根据待分类文本的内容自动确定文本类别的过程，目前基于机器学习的文本分类研究成果主要有朴素贝叶斯（NB）、决策树（decision tree，DT）、支持向量机（support vector mac，SVM）等。

NB 分类算法经常被用于文本分类，另外也被用于故障诊断、入侵检测、垃圾邮件分类等。DT 分类主要应用于遥感影像分类、遥感图像处理及客户关系管理中的客户分类等领域，如地表沙漠化信息提取、机械故障诊断、人体行为的分类识别等。SVM 则主要用于二分类领域，在故障诊断、文本分类、模式识别、入侵检测、人脸识别等领域有广泛的应用，也扩展到了财务预警、医学及机器人等领域。

随着数据结构复杂、数据量大、数据质量参差不齐等问题愈加突出，集成学习成为大数据分析的强有力工具。集成学习算法是通过某种方式或规则将若干个基分类器的预测结果进行综合，进而有效克服过学习，提升分类效果。

随着数据集的不断扩大，文本分类方法面临以下几种发展趋势：一是新的分类方法的不断涌现，如基于群的分类方法和基于粒度计算的分类方法；二是传统分类方法的进一步发展，如支持向量机的不断改进和 KNN 方法的发展；三是根据实际问题的需要，有针对性地综合众多领域的技术，从而提高分类的性能。

1.3.2　目标检测

目标检测技术的目的是在所给定的图片中检测到感兴趣的目标，锁定目标所在的矩形区域和种类。目标检测技术具有挑战性的问题是目标的不同形态、姿势、光照的影响、遮挡的干扰等。

传统的检测方法比较倾向于使用滑动窗口的方式，其主要包括：使用尺寸不同的窗口选中图中的部分区域；分析选中区域的特征，如对行人的姿态识别效果较好的 HOG 特征，对人脸特征识别效果较好的 Haar 特征；使用

SVM 分类器、Adaboost 分类器对目标进行分类。其中多尺度形变部件模型 DPM 算法是这类方法中表现比较出色的。DPM 算法将物体看成多个部件，用部件之间的关系对整体的物体进行描述，这个性质很好地符合大多数物体的非刚体性质，取得了较好的成绩。随即 Ross Girshick 提出的 R-CNN 算法将深度学习的目标检测算法的准确率提升了一个档次。何恺明等提出 SPP-net 算法，去掉了 R-CNN 算法中的 crop/warp 操作，使用空间金字塔池化层（SPP）解决了 CNN 全连接层要求输入图片大小必须一致的问题。紧接着速度更快的 Fast-RCNN 算法和 Faster-RCNN 算法出现了。Fast-RCNN 算法解决了 R-CNN 算法在区域提议阶段需要进行大量重复待检测框运算的问题，很大程度上提高了算法的识别速度。而 Faster-RCNN 算法是直接将区域提议放在了网络模型中，称为区域提名网络（region proposal networks）来进行待检测框的计算，Faster-RCNN 算法舍弃了原本独立的区域提议步骤，使得能够和分类网络、回归网络共用卷积特征，检测速度得到进一步的提升。之后的 R-FCN 算法使用位置敏感的卷积网络代替了最后的全连接层，进一步让计算共享，提升效率。

　　李名波分析了各个目标识别算法在各大公开数据集中的识别准确率和速度，如表 1-1 和表 1-2 所示。

表 1-1　目标检测算法准确率比较

算法名称	VOC2007mAP	VOC2010mAP	COCOmAP
Fast-RCNN	70.0%	68.4%	—
Faster-RCNN	73.2%	70.4%	34.9%
R-FCN	79.5%	77.6%	29.9%
YOLOV1	66.4%	57.9%	—
SSD	76.8%	74.9%	30.3%
YOLOV2	78.6%	73.4%	—
YOLOV3	79.4%	—	33.0%
Cascade RCNN	—	—	42.8%
RefineDet	83.8%	83.5%	41.8%
R-FCN-3000	83.6%	—	34.9%
DES	81.7%	80.3%	32.8%
STDN	80.9%	—	31.8%

表1-2 目标检测算法速度比较

算法名称	速度/FPS
Fast-RCNN	3
Faster-RCNN（low）	5
Faster-RCNN（high）	17
R-FCN	6
YOLOV1	45
SSD	19
YOLOV2	40
YOLOV3-320	45.4
YOLOV3-416	34
Cascade RCNN	8.6
RefineDet	24.1
R-FCN-3000	30
DES	31.7
STDN321	40.1
STDN513	28.6

由表1-1和表1-2可以看出，在算法准确率上，如今的目标检测算法准确率越来越高，经典Faster-RCNN、YOLOV2、SSD等算法准确率已经被超越。在算法速度上，机器学习目标检测整体算法速度已经越来越快，实时性几乎是目标检测算法必须满足的条件，并且都保证了较高准确率。同时又很多算法能够通过调整输入分辨率和网络结构，在准确率和速度之间调节，能够根据具体的使用需求在准确率和速度之间做出更好的平衡。

1.4 机器学习中的主要算法

1.4.1 决策树算法

决策树及其变种是一类将输入空间分成不同的区域，每个区域有独立参数的算法。决策树算法充分利用了树形模型，根节点到一个叶子节点是一条分类的路径规则，每个叶子节点象征一个判断类别。先将样本分成不同的子集，再进行分割递推，直至每个子集得到同类型的样本，从根节点开始测试，到子树再到叶子节点，即可得出预测类别。决策树的典型算法有 ID3、C4.5、CART 等。

　　ID3 算法由 Ross Quinlan 发明，建立在"奥卡姆剃刀"的基础上：越是小型的决策树越优于大的决策树（be simple 简单理论）。ID3 算法中根据信息论的信息增益评估和选择特征，每次选择信息增益最大的特征做判断模块。ID3 算法可用于划分标称型数据集，没有剪枝的过程，为了去除过度数据匹配的问题，可通过裁剪合并相邻的无法产生大量信息增益的叶子节点（如设置信息增益阈值）。算法流程如图 1-6 所示。

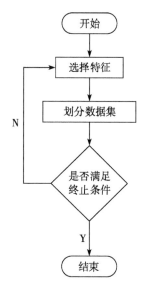

图 1-6　ID3 算法流程

　　C4.5 是 ID3 的一个改进算法，继承了 ID3 算法的优点。C4.5 算法用信息增益率来选择属性，克服了用信息增益选择属性时偏向选择取值多的属性的不足，在树构造过程中进行剪枝；能够完成对连续属性的离散化处理；能够对不完整数据进行处理。C4.5 算法产生的分类规则易于理解、准确率较高；但效率低，因树构造过程中，需要对数据集进行多次的顺序扫描和排序。也是由于必须多次进行数据集扫描，C4.5 只适合于能够驻留于内存的数据集。

CART 算法（classification and regression tree），采用的是 Gini 指数（选 Gini 指数最小的特征 s）作为分裂标准，同时它也是包含后剪枝操作。ID3 算法和 C4.5 算法虽然在对训练样本集的学习中可以尽可能多地挖掘信息，但其生成的决策树分支较大，规模较大。为了简化决策树的规模，提高生成决策树的效率，就出现了根据 Gini 指数来选择测试属性的决策树算法 CART。

1.4.2　朴素贝叶斯算法

朴素贝叶斯算法是一种分类算法。它不是单一算法，而是一系列算法，它们都有一个共同的原则，即被分类的每个特征都与任何其他特征的值无关。朴素贝叶斯分类器认为这些"特征"中的每一个都独立地贡献概率，而不管特征之间的任何相关性。然而，特征并不总是独立的，这通常被视为朴素贝叶斯算法的缺点。简而言之，朴素贝叶斯算法允许我们使用概率给出一组特征来预测一个类。与其他常见的分类方法相比，朴素贝叶斯算法需要的训练很少。在进行预测之前必须完成的唯一工作是找到特征的个体概率分布的参数，这通常可以快速且准确地完成。这意味着即使对于高维数据点或大量数据点，朴素贝叶斯分类器也可以表现良好。其算法上节已述，在此不再详述。

1.4.3　支持向量机算法

支持向量机是由 Vapnik 领导的 AT&TBell 实验室研究小组在 1963 年提出的一种新的非常有潜力的分类技术，SVM 是一种基于统计学习理论的模式识别方法，主要应用于模式识别领域。由于当时这些研究尚不十分完善，在解决模式识别问题中往往趋于保守，且数学上比较艰涩，这些研究一直没有得到充分的重视。直到 20 世纪 90 年代，统计学习理论（statistical learning theory，SLT）的实现和由于神经网络等较新兴的机器学习方法的研究遇到一些重要的困难。例如，如何确定网络结构的问题、过学习与欠学习问题、局部极小点问题等，使得 SVM 迅速发展和完善，在解决小样本、非线性及高维模式识别问题中表现出许多特有的优势，并能够推广应用到函数拟合等其他机器学习问题中，从此迅速地发展起来，现在已经在许多领域（生物信息学、文本和手写识别等）都取得了成功的应用。

基本思想可概括如下：首先，要利用一种变换将空间高维化，当然这种变换是非线性的；其次，在新的复杂空间取最优线性分类表面。由此种方式获得的分类函数在形式上类似于神经网络算法。支持向量机是统计学习领域中的一个代表性算法，但它与传统方式的思维方法很不同，支持向量机学习是一种通过输入空间、提高维度从而将问题简短化，使问题归结为线性可分的经典解问题。支持向量机算法应用于垃圾邮件识别、人脸识别等多种分类问题。其具体概念和技术将在第 4 章进行介绍。

1.4.4　人工神经网络算法

人工神经网络的研究在一定程度上受到了生物学的启发，因为生物的学习系统是由相互连接的神经元（neuron）组成的异常复杂的网络。而人工神经网络与此大体相似，是个体单元互相连接而成，每个单元有数值量的输入和输出，形式可以为实数或线性组合函数。它先要以一种学习准则去学习，然后才能进行工作。当网络判断错误时，通过学习使其减少犯同样错误的可能性。此方法有很强的泛化能力和非线性映射能力，可以对信息量少的系统进行模型处理。从功能模拟角度看具有并行性，且传递信息速度极快。

人工神经网络首先要以一定的学习准则进行学习，然后才能工作。现以人工神经网络对于写"A""B"两个字母的识别为例进行说明，规定当"A"输入网络时，应该输出"1"，而当输入为"B"时，输出为"0"。

所以网络学习的准则应该是：如果网络做出错误的判决，则通过网络的学习，应使网络减少下次犯同样错误的可能性。首先，给网络的各连接权值赋予（0，1）区间内的随机值，将"A"所对应的图像模式输入给网络，网络将输入模式加权求和、与门限比较，再进行非线性运算，得到网络的输出。在此情况下，网络输出为"1"和"0"的概率各为 50%，也就是说是完全随机的。这时如果输出为"1"（结果正确），则使连接权值增大，以便使网络再次遇到"A"模式输入时，仍能做出正确的判断。

如果输出为"0"（结果错误），则把网络连接权值朝着减小综合输入加权值的方向调整，其目的在于使网络下次再遇到"A"模式输入时，减小犯同样错误的可能性。如此操作调整，当给网络轮番输入若干个手写字母

"A""B"后，经过网络按以上学习方法进行若干次学习后，网络判断的正确率将大幅提高。这说明网络对这两个模式的学习已经获得了成功，它已将这两个模式分布地记忆在网络的各个连接权值上。当网络再次遇到其中任何一个模式时，能够做出迅速、准确的判断和识别。一般说来，网络中所含的神经元个数越多，则它能记忆、识别的模式也就越多。

1.4.5 深度学习

深度学习（deep learning，DL）是机器学习（machine learning，ML）领域中一个新的研究方向，它被引入机器学习使其更接近于最初的目标——人工智能（artificial intelligence，AI）。

深度学习是学习样本数据的内在规律和表示层次，这些学习过程中获得的信息对诸如文字、图像和声音等数据的解释有很大帮助。它的最终目标是让机器能够像人一样具有分析学习能力，能够识别文字、图像和声音等数据。深度学习是一个复杂的机器学习算法，在语音和图像识别方面取得的效果，远超过先前相关技术。

深度学习在搜索技术、数据挖掘、机器学习、机器翻译、自然语言处理、多媒体学习、语音、推荐和个性化技术，以及其他相关领域都取得了很多成果。深度学习使机器模仿视听和思考等人类的活动，解决了很多复杂的模式识别难题，使得人工智能相关技术取得了较大进步。

1.5 本书的结构和组织

本书第 1 章是关于机器学习概念及其相关技术和研究现状。第 2 章介绍了甲骨文信息化的概念和研究现状，较为全面地介绍了甲骨文在可视化输入、字形库的构建、字形分割和识别、图片缀合等方面的研究现状和所用技术步骤。对甲骨文著录信息化系统进行了详细描述，同时从语料加工和字形拆分方面对甲骨文字形进行了分析研究。第 3 章介绍了语料库的相关知识，对甲骨文语料库的构架方案、建立路线及具体的实现过程做了说明。对实现该分词和词性标注系统的相关自然语言处理技术进行了研究，并对甲骨文中所用到的分词和词性标注方法做了重点介绍。最后利用自然语言处理技术对甲骨卜辞进行了分析，实现了机器自动分词和词性标注。第 4 章介绍了支持向量机技术的基本理论知识，分析了预处理时涉及的相关知识，实现了支持向量机技术在甲骨文字形分类中的系统设计。最后给出了系统部分功能的相关界面及使用说明。第 5 章介绍了基于计算机视觉的文本定位方法和数字图像处理的相关概念及处理方法，分析了甲骨文图像研究现状和支持向量机在图像检测和定位方面的应用研究，将支持向量机应用到甲骨拓片文字定位研究中，最终实现甲骨文拓片单字定位。

参考文献

［1］ 周志华. 机器学习［M］. 北京：清华大学出版社，2016.

［2］ 石弘一. 机器学习综述［J］. 论述，2018（10）：253-254.

［3］ 陈海虹，黄彪，刘峰，等. 机器学习原理及应用［M］. 成都：电子科技大学出版社，2017：2-19.

［4］ 赵晨阳. 机器学习综述［J］. 热点透视，2018（1）：109-110.

［5］ SEBASTIAN RASCHKA. Python 机器学习［M］. 高明，徐莹，陶虎成，译. 北京：机械工业出版社，2017.

［6］ 陈祎荻，秦玉平. 基于机器学习的文本分类方法综述［J］. 渤海大学学报（自然科学版），2010，2：201-205.

［7］ BREIMAN L，FRIEDMAN J，OLSHEN R A，et al. Classification and regression trees［M］. Belmont：Wadsworth，1984.

［8］ QUINLAN J R. C4.5：programs for machine learning［M］. California：Morgan Kaufmann Publishers，1993.

［9］ THOMBRE A. Comparinb lobistic rebression，neural networks，C5.0 and m5' classification techniques［C］. 8th International conference on machine learning and data mining in pattern recognition，MLDM，2012.

［10］ 吕利利，领耀文，黄晓君，等. 基于 CART 决策树分类的沙漠化信息提取方法研究［J］. 遥感技术与应用，2017，32（3）：499-506.

［11］ 徐塈，张斌. 基于约简矩阵和 C4.5 决策树的故障诊断方法［J］. 计算机技术与发展，2018（2）：40-44.

［12］ 王忠民，张晾，衡霞. CNN 与决策树结合的新型人体行为识别方法研究［J］. 计算机应用研究，2017，34（12）：3569-3572.

［13］ 李名波. 基于机器学习的目标检测算法［J］. 综述科技与信息，2019（6）：154-155.

［14］ 何清，李宁，罗文娟. 大数据下的机器学习算法综述［J］. 模式识别与人工智能，2014（4）：327-337.

［15］ 李旭然，丁晓红. 机器学习的五大类别及其主要算法综述［J］. 软件导刊，2019

(7)：4-9.

[16] 刘念，王枫. 基于深度学习与传统机器学习的人脸表情识别综述 [J]. 科技资讯，2018 (4)：39-40.

[17] 王子玲，贾舒宜，修建娟，等. 基于人工神经网络的多模型目标跟踪算法 [J]. 海军航空工程学院学报，2019 (4)：343-348.

[18] 曾瑜民. 探讨神经网络算法在人工智能识别中的应用 [J]. 信息通信，2019 (7)：104-105.

[19] 李学勤. 甲骨文同辞同字异构例 [J]. 江汉考古，2000 (1)：30-32.

[20] 马如森. 殷墟甲骨学 [M]. 上海：上海大学出版社，2007.

[21] 金钟赞，程邦雄. 孙诒让的甲骨文考释与《说文》小篆 [J]. 语言研究，2003 (4)：78-85.

[22] 陈年福. 甲骨文词义研究 [D]. 郑州：郑州大学，2004.

[23] 何婷婷. 语料库研究 [D]. 武汉：华中师范大学，2003.

[24] 栗青生，杨玉星. 甲骨文检索的粘贴 DNA 算法 [J]. 计算机工程与应用，2008 (28)：140-142.

[25] 周新伦，李锋，华星城，等. 甲骨文计算机识别方法研究 [J]. 北京信息科技大学学报，1996 (5)：481-486.

[26] 鄢格斐，顾绍通，杨亦鸣. 基于数学形态学的甲骨拓片字形特征提取方法 [J]. 中文信息学报，2013 (2)：79-85.

[27] 吕肖庆，李沫楠，蔡凯伟，等. 一种基于图形识别的甲骨文分类方法 [J]. 北京信息科技大学学报，2010, (增刊2)：92-96.

[28] 史小松，黄勇杰，刘永革. 基于阈值分割和形态学的甲骨拓片文字定位方法 [J]. 北京信息科技大学学报，2015, 6：7-10.

[29] 冯志伟. 计算语言学基础 [M]. 北京：商务印书馆，2001.

[30] 俞士汶. 计算语言学概论 [M]. 北京：商务印书馆，2003.

[31] 姚萱. 殷墟花园庄东地甲骨卜辞考释 [J]，汉字文化，2004 (4)：54-56.

[32] 张敏，马少平. 用于信息检索的古文统计分析 [J]. 中文信息学报，2002, 15 (6)：40-46.

第 2 章

甲骨文信息处理

2.1　甲骨文信息处理简介

2.1.1　中文信息处理概述

中文信息处理是指用计算机对中文的音、形、义等信息进行处理和加工，是自然语言信息处理的一个分支，是一门与计算机科学、语言学、数学、信息学、声学等多种学科相关联的综合性学科。中文信息处理分为汉字信息处理与汉语信息处理两个部分，具体内容包括对字、词、句、篇章的输入、存储、传输、输出、识别、转换、压缩、检索、分析、理解和生成等方面的处理技术。

基础研究：汉字字频统计、词频统计、汉语自动分词、句法属性研究、汉字编码字符集、通用汉字样本库、汉字属性字典、语料库等。

输入技术：中文输入法、中文手写输入、中文语音输入、文字识别等。

输出技术：汉字字模技术（字形库）、汉字激光照排、汉语语音合成等。

存储技术：汉字库标准等。

转换技术：繁简转换等。

信息处理：中文情报检索、中文文本校对、机器翻译、自然语言理解、中文人机界面等。

2.1.2　甲骨文信息处理

基于历史、国家疆域、政治等各种问题，中文信息处理系统所需要处理的文字，有时不仅包括简体汉字、繁体汉字，也包括藏文、蒙文、壮文、维吾尔文等大量少数民族的文字；甲骨文、金文等古文字；周边国家的日本假名、谚文，还包括古汉语文字、西夏文、契丹文等各种不同的文字。

甲骨文是商朝后期用龟甲兽骨进行记事和占卜的文字，契刻在龟甲与兽骨之上，距今已有3000多年，龟甲和兽骨上的甲骨文包含大量有用的信息，是研究中国古代语言、文化、历史的基础。甲骨文是中国语言、文化、历史可追溯的最早源头，前人对其研究得非常多，有对字形进行归纳和整理的，也有对甲骨字字形的演变的原因、方式进行理论分析的。另外，于省吾的《甲骨文字释林》、高明的《中国古文字学通论》、陈婷珠的《殷商甲骨文字形系统再研究》等都对甲骨文字字形的发展做了分析。

传统的甲骨文研究早期主要集中在文字考释和历史考证，之后逐渐依靠现代科学方法处理甲骨文，随着计算机技术的不断发展，给这个古老文字的研究提供了更多的研究手段和选择，在计算机处理甲骨文方面已有所改变，很多辅助甲骨文研究的相关产品相继产生，很多研究机构开始建设甲骨文字库，做得比较好的，如香港中文大学，他们不但建设了甲骨文字库，还建设了甲骨文资料库，并在网上发布，极大地方便了甲骨文研究者的研究工作。目前，国内许多学者对于甲骨文的数字化做了很多研究，开发了一系列的软件和系统，如甲骨文字库的建设、甲骨文输入法、甲骨文的编码技术、甲骨文数字化平台、甲骨文的辅助考释系统等，也有获得国家发明专利的《基于图像处理的甲骨文碎片缀合方法》，这些产品的出现很大程度上方便了甲骨学者对甲骨文相关知识的查询、分析和研究，也为下一步甲骨文方面的研究和相关产品的设计开发打下了基础。

诸多原因使得"甲骨学"成为一门举世瞩目的国际性学科。同时，计算机技术处理甲骨文的兴起，也使这一学科有了一个新名字——甲骨文信息处理。特别是近年来，出现了利用电子计算机进行甲骨碎片缀合等试验，甲骨文信息化处理迈上了新的台阶。

2016年5月17日，习近平总书记在北京主持召开哲学社会科学工作座谈会并发表重要讲话，指出一些事关文化传承问题的学科，如甲骨文等古文字研究等，要重视这些学科，确保有人做、有传承。因此，如何整理这些甲骨文字，从中提取出有用的甲骨文字，进而得到更有用的历史文化信息，是甲骨文信息化研究的重点。

2.2　甲骨文信息处理研究现状

2.2.1　甲骨文输入和可视化

甲骨文研究早期手段很落后，主要体现在甲骨文字的处理上，由于现在计算机的字符集中没有包含甲骨文字，所以就不能用计算机处理，从而造成甲骨文文献出版发行的手写化，不符合信息时代的要求。随着计算机处理甲骨文的逐渐开展，很多研究机构开始建设甲骨文字库，极大地方便了甲骨文研究者的研究工作，但是缺少使用方便的甲骨文输入法。

当前甲骨文输入的方法主要有以下几种。第 1 种是造字法，首先把要用的甲骨文字用 Windows 的造字程序画出来，在输入的时候，使用区位码输入，这种方法的缺点是：①造的字不规范，各自为政，重复劳动，也无法交流；②输入不方便，需要记住造字的编码。第 2 种方法是编码输入，就像输入汉字一样，努力做到一字一码，主要问题是需要记忆编码规则和字根表；另一个问题是由于甲骨文自身的特点如一字异形和异字同形，这样就不可避免地造成重码。第 3 种方法是手写输入，由于甲骨文的字形不像汉字那样规范，而现在汉字的识别率还达不到 100%，所以手写甲骨文的识别率更低。

基于以上情况，同时考虑以下几个方面问题：①甲骨文字的特点。甲骨文是古人占卜时在甲骨上刻的文字，很不规范，甲骨文这种独有的特点表现出它具有一定的原始性。第 1 个特点是一字异形，字的结构不固定，即一个字既可以正写也可以反写，偏旁可以左右（上下）移动，字的笔画或多或少，如父、卜、得、雨等不胜枚举；第 2 个特点是异字同形，如山与火、月与夕等；第 3 个特点是合文，即把 2 个或 3 个字刻写在一起，在行款上占一个字的位置，如上甲、祖乙等。这些特点决定不便用形码。②甲骨文字的研究现状。迄今为止，甲骨文发现有 15 万片，单字有 6000 多个，但认识（或公认）的字，只有 1000 多个，也就是说大部分的字人们不认识，读不出音，这些特点决定不便用音码。③甲骨文字的使用频率。甲骨文字的使用并不像汉字那样频繁，它不要求高速输入，研究甲骨文字是为了了解那段历史，从近几十年的研究文献可以看出，甲骨文字在一篇文章中出现的次数很低。基于以上 3 个方面的考虑，刘永革等研究提出了甲骨文可视化输入法。

该输入法包括两个部分：字库和输入法程序。字库采用的是香港中文大学的甲骨文字库，该字库采用《甲骨文合集》《小屯南地甲骨》等 7 种甲骨文著作，均为海内外具有国家级荣誉的出版物，所有甲骨文字依据甲骨卜辞所见较常见字形，经过甲骨文研究人员重新临摹并加校勘、释文，共收录 6199 个甲骨文字，具有一定的权威性，考虑到跨平台使用环境的不同，对该字库的内码进行了重新编排。输入法程序用面向对象的编程语言 VC++在 Windows 环境下编写而成，它的主要数据结构是：

Typedef struct FontRecord

{//甲骨文字体结构

CString number;//编号

CString jname;//甲骨文

CString hname;//简体字

CString lname;//隶定字

CString hname2;//繁体字

}FontRecord

主要类的扩展如下：

定义两个视图类：左视图和右视图。

左视图

Class CJgwLView:public CformView

{

Public：

CRichEditCtrl jgwEdit;//编辑框

Protected：

//{{AFX_MSG(CJgwLView)

Afx_msg void Onfirst();//字根按钮

Afx_msg void Onsecond();//字表按钮

Afx_msg void OnjgwBU();//复制按钮

//}}AFX_MSG

};

右视图

Class CJgwRSView:public CScrollView

{

Protected：

//｛｛AFX_MSG（CJgwRSView）

Afx_msg void OnButtonDown（UINT nFlags，CPoint point）；

Afx_msg void OnButtonDblClk（UINT nFlags，CPoint point）；

//｝｝AFX_MSG

DECLARE_MESSAGE_MAP（）

Private；

Void Draw Font（CRect rect，COLORREF crColor）；//显示右视图中的字体

void Move（）；//选择文字

｝；

该输入法具有查询功能，可以输入简体中文或繁体中文查到的对应甲骨文（如果有），查找结果会显示到右边窗口。在使用输入的时候，只需要根据甲骨文字的部首找到该字，单击右键，或者单击甲骨文字旁边的复制按钮，然后在文字处理软件（如 Word、WPS 等）中粘贴即可输入该甲骨文字。由于甲骨文研究的不断深入和新的甲骨文片的出土，该字库需要不断升级。

随着甲骨文的进一步研究，甲骨文编码和输入法不断出新，顾绍通等分析了甲骨文字形的拓扑结构特征，考虑了甲骨文字形、读音等因素，制作了甲骨文输入法的字形码表和拼音码表，设计了一种简便、有效的甲骨文输入编码方案，对《殷墟甲骨刻辞类纂》收录的甲骨文字形的拓扑结构进行了深入分析，整理出了 569 个甲骨文部件，将其分别编制在标准键盘的 26 个键位上。接着通过拆分取码，使用 26 个字母就可以输入《殷墟甲骨刻辞类纂》中 3673 个甲骨文（含异体字合文），即如果甲骨字是独体字，则映射为单个拉丁字母的编码序列。对于独体字之外的其他字形，采用拆分输入的方法。拆分时在取码顺序上，按照从左到右、从上到下、从外到内的顺序来对甲骨文字形进行拆分取码。在对字形进行拆分取码的时候，按照从左到右、从上到下、从外到内的顺序对甲骨文字形进行拆分，取第一、第二、第三、末码作为字形的输入码，对于不足四码的以空格键结束。图 2-1 给出了顾绍通等设计的甲骨文编码示意。

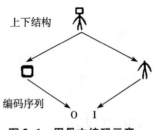

图 2-1　甲骨文编码示意

顾绍通等提出的基于字形拓扑结构的甲骨文输入编码可以概括为以下内容：第一，根据字形的拓扑结构拆分出部件；第二，根据甲骨文部件与码元的映射关系，得出甲骨文编码的字母序列。同时开发了甲骨文输入法程序，利用该程序可以通过两种途径来输入甲骨文字形，即拆分取码方法和现代汉字拼音方法，图2-2是形码输入甲骨文的实例，从而解决了从通用甲骨文字库中调出所需字形的问题。实验结果表明，程序可方便地在通用字处理软件如 Word 中输入甲骨文字形，并做各种排版处理，从而促进了甲骨文信息化处理工作的进一步开展。

图 2-2　甲骨文形码输入法实例

聂彦召等通过对甲骨文的笔画特征进行分析，每一个甲骨字都是由某些笔画按照一定的规律组合而成的，这些构成甲骨字的基本笔画称为"码元"。码元集为点、横、竖、撇、捺、弯、曲、框、圆 9 种笔画，每个码元与键盘上的字母对应起来形成了一种映射关系。为了方便记忆，取每种笔画名称的汉语拼音首字母作为键元，即 d-点、h-横、s-竖、p-撇、n-捺、w-弯、k-框、q-曲、y-圆。使用无笔顺限制和自由拆分原则将甲骨文字拆分为若干笔画。在此基础上设计了甲骨文笔画输入法，在一定程度上为甲骨文研究者提供了输入接口（图 2-3）。

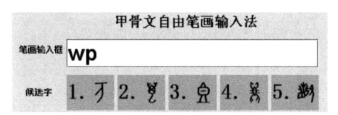

图 2-3　笔画输入法运行效果

栗青生等通过分析目前常用的甲骨文字在编码和输入方面的问题和不足，提出了一种甲骨文字形动态描述的方法。该方法在现代汉字的编码和书写规范基础上，使用有向笔段和笔元对甲骨文进行描述，用扩展的编码区域和外部描述字形库相结合的方式为甲骨文中异体字和未识别的甲骨文的输入找到了解决方法，对于已经识别的甲骨文字，在输入时可以使用目前通用的汉字输入方法进行输入（图 2-4），对没有识别的甲骨文字，可以直接通过描述库中提供的索引号来输入（图 2-5），解决了因内码空间太少而无法对更多的甲骨文字进行编码和输入的问题。同时，由于描述字形的是文本字符并且是有次序的阵列，因此，更方便了机器识别。

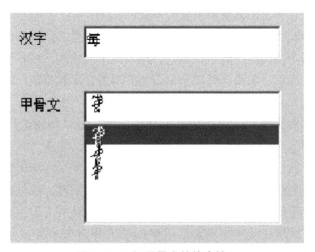

图 2-4　已识甲骨字的检索输入

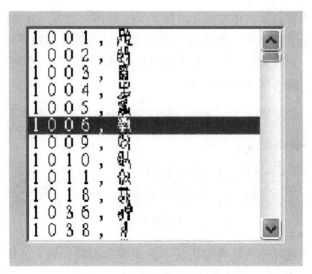

图 2-5　未识甲骨字的列表输入

2.2.2　甲骨文字形库的构建

字形是指一个汉字中彼此有一定间隔的几个部件之间的位置关系，它的划分是基于对汉字整体结构的认识。组成汉字的部件有固定的拓扑关系，无论对手写体还是印刷体汉字，字形都是一项稳定的特征，所以可以根据部件位置关系对汉字字形进行分类。对于甲骨文的识别也是如此，同一个甲骨文字，虽然写法各异，但其本质特征是不变的。

设计甲骨文字库是计算机处理甲骨文及进行甲骨文研究的前提，然而甲骨文字的特征与现代汉字的特征不同，难以定形和输入。许多学者试图通过研究和设计字形库来解决计算机中甲骨文字形的显示和打印问题，通过设计各种各样的输入编码方案来解决甲骨文的输入问题。

多年来的实践证明，对于规范的现代汉字，可以使用这样的办法去解决，但对于甲骨文字这一方法并不完全适用。首先，甲骨文字形复杂，存在较多的异体字和合体字，并且有近 2/3 的字还没有完全考释出来；其次，甲骨文字形的规范性不像现代汉字一样有一个统一的标准，从近几年出现的不同的甲骨文字形库来看，许多学者在甲骨文字形的认同方面存在着很大的差距。香港中文大学的沈建华等确定了 6000 多个甲骨文字形（包括异体字），给甲骨文研究带来了极大的方便。但是，由于过度"规范化"，其中很多字形已经脱离了原始字形所表达的意义，有的还存在着部件结构和位置的错误。在古文字数字化新环境中，它所代表的为适应传统文本形式检索要求而形成的甲骨文检索系统，不但原有缺陷被放大，而且显现出若干新的问题。

栗青生等基于甲骨文字形多变、异体字多等特点，提出一种基于人机交互的甲骨文字形动态描述方法，通过建立甲骨文字形的动态描述库（dynamic description library for jiaguwen characters，DDLJC），使用有向笔段和笔元对甲骨文字形进行动态的矢量化描述。DDLJC 的本质特征是将甲骨文字形用字形骨架表示，然后在字形骨架上增加特征点，最后通过存储特征点形成 DDLJC，以后字形的编辑和输出都是由特征点来动态地生成甲骨文字。

甲骨文字形动态描述库通过引入有向笔元及笔段，根据对目前 5092 个可释甲骨文的笔元进行统计，将甲骨文的笔元分成 3 类基本的笔元：第 1 类是直线笔元；第 2 类是折线笔元；第 3 类是弧线笔元。组成直线笔元的笔段比较简单，通常只有一个有向笔段组成。例如，横线"—"笔段是由左向右的一个笔元组成，竖线"｜"笔段是由上向下的一个笔元组成。对于从左上到右下（"＼"）的笔元、从右上到左下（"／"）的笔元和点线（"、"）也称为直线笔元。折线笔元通常由两个或多个笔段组成。例如，上折线、下折线、左折线和右折线有两个笔段，"撇"折线、"捺"折线笔元至少由两个笔段组成。组成弧线笔元的笔段比较复杂，通常最少设定 5~6 个笔段。甲骨文字是刻绘文字，弧线在甲骨文字中很多，我们使用多笔段描述，在字形生成过程中可以更方便地根据需要对弧线的弧度进行调整，使描述字形更加接近原始字形。一个笔元中，笔段的数量越多，数据描述越精细，将来文字的识别越准确，但计算的复杂度会越高。例如，图 2-6 中的甲骨文字由 9 个笔元组成，1、2、3、4、5、8 和 9 是 7 个直线笔元，6 和 7 是两个折线笔元。

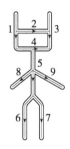

图 2-6 甲骨文运笔示意

使用一定描述算法将绘制或调整后的笔元信息进行规范和存储，DDLJC的建立过程如图 2-7 所示。

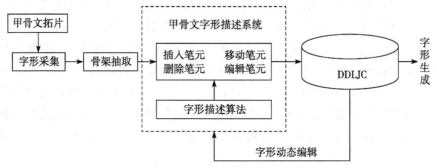

图 2-7　DDLJC 的创建

甲骨文字形动态描述算法为目前还没有完全定形的甲骨文提供了一种动态的描述方法，使用这一方法，我们开发了人机交互的甲骨文字形描述平台，建立了目前可释文字（5096 个，包括异体字）的 DDLJC，如图 2-8 和图 2-9 所示。

图 2-8　字形描述库

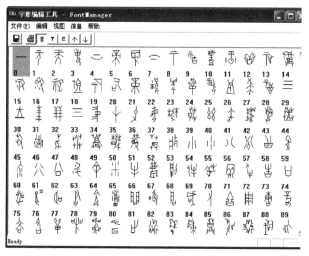

图 2-9　字形浏览

DDLJC 是对甲骨文字的最大限度地抽象。DDLJC 的应用解决了由于使用轮廓字形描述甲骨文字形而存在的字形动态编辑和字形变换的问题。同时，字形描述的动态性，也为由于字形不规范而导致的字形认同问题找到了一个解决方案。

2.2.3　甲骨文数据库

甲骨文数据库的构建为甲骨文的研究提供了坚实的保证，也是甲骨文研究必备的数据基础。目前已出土的甲骨文字数目巨大，很多字都存在异体字现象，如何从众多的异体字中选择真正通用的甲骨文字形是通用甲骨文字库建设必须首先考虑的问题。其次是甲骨文字模的制作问题，甲骨文不仅笔画繁多，而且是用刀或者其他坚硬的工具刻在龟甲或兽骨之上，使它具有不同于使用毛笔或钢笔书写的风格。传统字库字形的设计是由熟练的造字工人在计算机辅助设计工具支持下，先设计好每一个字，再用数字化扫描仪扫描每一个字，然后拿扫描得到的点阵字形和原来字形相比较，修正失真部分，最后再核对直到完全相同为止。而通用甲骨文字库的字模应该以甲骨文拓片为模型进行设计，因为已出土的甲骨文散失到世界各地，而且容易损坏，又是宝贵的文物，而其拓片能较逼真地再现甲骨文字形的特点，依据甲骨文拓片为原型设计字模是完全可行的。最重要的是还需要一个针对甲骨文字形特点设计的造字系统，它应该具有以下几个特点：能够对甲骨文拓片进行前期处理，快速处理字形复杂、笔画无规则的甲骨文，能生成符合现在流行的文字处理软件格式的 TrueType 字库。

江铭虎等利用计算机信息处理技术构建了甲骨文资料库，包含了甲骨文字库、甲骨文知识库和句法分析、计算机甲骨文辅助辨识等信息。该字库共收录甲骨文 3600 余字，对可识读约 1400 字的甲骨文进行了详细的计算机标注，其中包括专有名词 120 余个，这些甲骨文字全部可通过拼音输入，并可给出对应的现代汉语解释。甲骨文知识库和句法分析利用甲骨文词典信息及语义属性描述，将词典和规则结合，规则与句法、语义信息与统计信息集成，在词典与语法规则库中注入的语言知识和上下文相关信息，以及跟其他成分组合的搭配信息。词典中为每个词项所附加的信息同语法规则相结合，词语分类与属性描述相结合，通过属性描述来刻画每一个词语的语法信息。甲骨文计算机辅助辨识系统可以辅助识别甲骨文的扫描印刷体等信息。赵小川等借鉴知网的构建体系，建立了一个融合甲骨文、现代汉语的语义数据库。

早在 2004 年，安阳师范学院开始着手建立甲骨文图文资料库，安阳师范学院历史系教授韩江苏课题组申请并完成了国家社会科学基金项目——"甲骨文图文资料库"。该项目是课题组组长长达 10 年的艰苦奋战，两次主动申请延期结项，以精益求精的态度得到的成果，最终以优秀结果结项。最初，课题组组长的想法是：能不能把图、文、字结合起来，开发一个既全面又便捷的信息化资料库，尽管我国台湾成功大学的"甲骨文全文影像资料库"、香港中文大学的"甲骨文资料库"进行了尝试，但二者一个重文字，一个重图像，均不完满。

课题初始阶段，主要任务是对权威资料进行扫描、裁切、编号，构建甲骨文图片库；依据相关研究成果建立释文库、甲骨文原形文字库。整理甲骨文字形时，把用抓图软件截取的图片放大 500 倍，再进行黑白翻转处理，最后用 PhotoShop 绘图程序对照甲骨文原形字，一笔一画地描写复原。殷墟甲骨文时间跨度约 200 年，因时代、地区、书写习惯差异造成了大量"同字异形体"，即粗看为同一个字，细看笔画结构却有差异。为了尽量系统地整理全部甲骨文字形，课题组全体成员加班加点，不但将前人整理出的 4000 多个甲骨文字头扩展到 5249 个，还整理复原了 41 832 个甲骨文原形文字，极大充实了甲骨文字资源。由于先民刻写在甲骨上的文字，每一笔都有笔锋，笔画之间有鲜明的叠压关系，而计算机复原出的文字虽笔画准确，却方头方脑，更不存在叠压痕迹，故令人有"是图形而非文字"之感。因此，课题组在最后进行甲骨文字的计算机显示阶段，决定创新检索方式，建立可视化界面，将甲骨文 153 个部首全部显示在界面上，用户只需点击相应部首，便可通过汉字查找、编号查找、甲骨文原形查找 3 种途径，实现甲骨文的检索。

甲骨文数据库由甲骨文图片库、释文库、原形文字库 3 个数据库组成，收录了《甲骨文合集》《补编》《英藏》等 9 种甲骨著录，共 72 264 片甲骨。此资料库很快成为收集材料最全、检索手段最快、字形原貌最准，图、文、字并举的甲骨文资料库。

只要轻点鼠标，输入现代汉字，相应的不同写法的甲骨文便会展示在计算机屏幕上。使用者可以快捷地检索到 41 832 个甲骨文原形文字的音、形、义，还可以看到它的全部同字异形体、释文，以及刻有该文字的原始甲骨片，有助于加速甲骨文的各项研究。

2.2.4　甲骨文字分割和识别

甲骨文基础数据资料主要以图像的形式存在，包括甲骨文的拓片、摹本、照片等，大部分甲骨文文献和著录出版时由于缺少合适的输入法，大都直接将甲骨图片粘贴到文本中。因此，必须能够对这些基础数据进行图像处理，才能更好地进行字库建设、文字识别等后续信息化处理工作。

对甲骨图片进行图像处理是甲骨文处理中重要的研究方向，是甲骨文数字化研究的主要手段，其主要工作包括甲骨文字的分割、检测和识别等。分割要求在甲骨文拓片图片上将单个的甲骨文字与背景准确地分离；检测即在甲骨拓片图像中找出单个甲骨文字并确定其位置的过程（此详细过程将在第 5 章进行叙述）；识别即在甲骨文分割的基础上确定检测到的是哪一个甲骨文字，文字分割如图 2-10 所示，甲骨文字识别程序如图 2-11 所示。

图 2-10　甲骨拓片单字分割

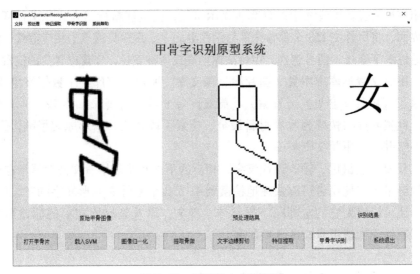

图 2-11　甲骨摹本文字识别

刘永革等研究了利用支持向量机分类技术对甲骨文字图片进行识别，首先，选择一些异形体出现次数较多或者样本数量较少的甲骨文字构造识别数据库。其次，对甲骨字的特征进行提取，主要包括采取最大最小规格方法对原始图像进行归一化；提取归一化图像的骨架；进行图像裁剪；提取文字特征。再次，用 C-SVM 作为分类器设计支持向量机。最后，选用一对一的投票策略进行甲骨字的识别。图 2-12 是甲骨文字识别步骤。

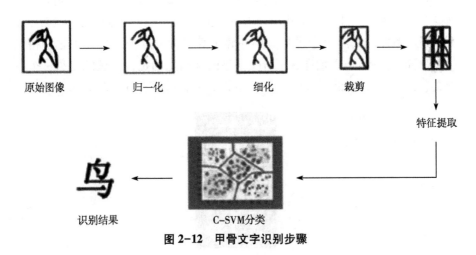

图 2-12　甲骨文字识别步骤

顾绍通研究了基于拓扑配准的甲骨文字形识别方法，根据同一字形的不同写法具有一定的拓扑稳定性，建立了拓扑顶点间拓扑关系的拓扑描述，将图画性质的甲骨文字形转化为拓扑图形，并对拓扑图形进行编码，实现了甲骨文字形拓扑结构的形式化描述。具体分析了甲骨文字形拓扑顶点之间的位置关系，通过对拓扑顶点、拓扑关系、拓扑编码相应的数据结构来描述甲骨文字形顶点之间的关系，将图画性质的甲骨文字形转化为拓扑图形，并对每种拓扑图形进行编码，实现了对甲骨文字形的拓扑描述。在此基础上，利用拓扑配准的方法，通过计算基准拓扑与待配准拓扑之间的欧氏距离，实现基于拓扑结构的甲骨文字形的配准，从而识别甲骨文字形。甲骨文字形拓扑图形的配准算法如下。

①提取字形图形的拓扑顶点；

②构造拓扑顶点之间的拓扑关系；

③对字形的拓扑关系进行量化编码；

④计算基准拓扑与待配准拓扑之间的距离；

⑤小于给定阈值的两个拓扑间距离的字形图形被识别为拓扑等价，否则拓扑不等价。

甲骨文字形配准识别系统识别字形的流程如图 2-13 所示。

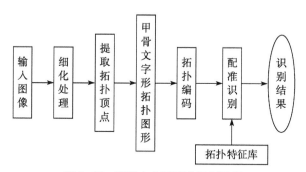

图 2-13　甲骨文字形配准识别流程

具体识别流程如下：对输入的图形进行细化处理后，由识别系统提取细化后图形的顶点，构造甲骨文字形图形的拓扑图形，然后对拓扑图形进行数学描述。通过计算待配准拓扑与拓扑特征库中拓扑编码的距离，实现甲骨文字形的配准识别。识别的结果在计算机屏幕上用曲线轮廓甲骨文字形及对应的汉字显示出来，对于无法与现代汉字对应的字形直接显示为曲线轮廓甲骨文字形。实验结果表明，此算法既可以识别目前已识读的甲骨文字形，也能够识别目前尚无法识读的甲骨文字形。

高峰等利用语境分析生成的候选字库得到对应的甲骨文语义构件向量，然后结合基于 Hopfield 网络的识别结果计算待识别的甲骨文模糊字的匹配度，根据匹配度确定目标甲骨字。利用语境分析生成候选甲骨文字库，利用神经网络进行模糊甲骨字的初步识别，最后进行模糊甲骨字的匹配。甲骨文字形已经是成熟、成系统的语言书写符号。一般从已知字形推论未知的模糊字形被认为是最好的方法之一。基于此，需建立相关的数据表，即 3 类基础数据表：基础构件表、字体拆分表、演变规律表。甲骨文的构件匹配应该根据甲骨文字的特殊性质，设定各构件之间的相似度。通过设定，形成一个构件相似度矩阵，然后就可以进行甲骨文构件向量的匹配。采用和基于 Hopfield 网络的方法进行对比实验，并进行评价，在模糊字形识别方面具有明显优势。

2.2.5 甲骨文拓片缀合

在甲骨文的研究过程中，缀合破碎的甲骨片是一项重要的基础工作。安阳师范学院在甲骨文的计算机辅助缀合方面做了一些研究工作。由于甲骨质脆，又经历了近 3000 年的岁月，所以在出土时多已裂成碎片。只有尽可能地将这些碎片缀合在一起，才能更好地了解卜辞的文例、位置和语法规律，从而更全面地研究卜辞的内容。

据最近的统计，甲骨出土的数量已多达 15 万片，今后的新发现还不可预料。甲骨（龟甲兽骨）经过刮削、钻凿、烧灼，增加了断裂的可能性，加上在地下埋藏了 3000 多年，使甲骨尚在埋藏时期就已经破裂了许多。王国维、郭沫若、董作宾、曾毅公、郭若愚、李学勤、严一萍、张秉权、桂琼等老一代甲骨文专家，在甲骨文缀合领域进行了大量开创性的研究工作，并成功缀合了一大批甲骨。

然而，传统的甲骨片缀合工作量很大，如果全靠人力来整理将是十分困难的。能否设计出一种新的方法，使甲骨学家从这一繁重的工作中解放出来？这是学术界共同关注的问题。随着计算机技术的发展，利用计算机技术辅助甲骨文缀合已经成为甲骨文研究、考释和应用的一个新课题。1973 年，国外率先利用电脑技术对甲骨片缀合进行了尝试，可以做到完整的或大致完整的骨版的缀合；1974 年，国内也有人从事这方面的研究，可以将一骨版

1/4 以上的碎片进行缀合。当然，这些研究在理论上、技术上、方法上都有待进一步改进。

目前，缀合甲骨文所选择的条件包括时代、字迹、骨版、碎片、卜辞、边缘 6 项，除了"时代"一项条件以外，其他条件都是用图形显示的，因此，只要在电子计算机上利用光读器的设备，就可以直接输入图像。随着我国电子技术的迅速发展和普及，甲骨文缀合的自动化水平不断提高。

王爱民等研究了基于边界匹配的甲骨文缀合辅助系统，选定待缀合的甲骨碎片后，该系统可以自动生成疑是目标甲骨碎片的动态数据库，甲骨文专家只需要基于"备选甲骨碎片数据库"通过人机交互就可实现甲骨文缀合。基于边界的甲骨片缀合系统整体框架如图 2-14 所示。

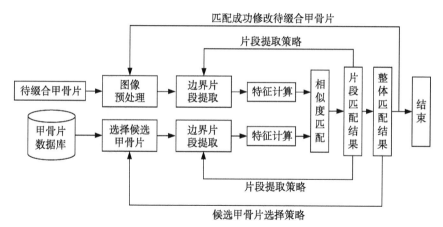

图 2-14 基于边界的甲骨片缀合系统

待缀合甲骨片经过图像的预处理之后可以获取甲骨片的轮廓，整个系统通过逐段轮廓比较的方式从甲骨片数据库中寻找能够匹配成功的候选甲骨片。在甲骨片数据库中存储了能够搜集到的所有甲骨片的图像编码及甲骨片的轮廓信息。甲骨片数据库（数据库Ⅰ、数据库Ⅱ）是在《甲骨文合集》《小屯南地甲骨》等（均为海内外具有国家级荣誉的出版物）7 种甲骨文著作中需要缀合的碎片的基础上建立的，所有甲骨碎片的选取，都经过甲骨文研究人员重新临摹并加以校勘、释文，数据库Ⅰ（卜甲）目前已收录 5829 个待缀合的碎片、数据库Ⅱ（卜骨）已收录 2622 个待缀合的碎片。主要数据结构是：

Typedef struct Font Record

```
{// 甲骨文碎片库结构
CString number;// 编号
CString jname;// 甲骨片
CString hname;// 边界信息
CString lname;// 甲骨片反显信息
CString hname2;// 特征向量
}Font Record;
```

首先，对甲骨片图像进行预处理，处理流程如图 2-15 所示。

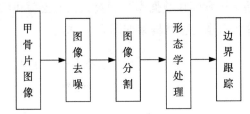

图2-15 甲骨片图像预处理流程

甲骨片图像预处理的主要目的是获取甲骨片图像的轮廓信息。主要包括图像去噪、图像分割、形态学处理和边界跟踪等几个主要模块，如图 2-15 所示。图像去噪模块主要用于去除甲骨片图像成像过程中的成像噪声，为后续的图像分割奠定基础；图像分割模块的主要目的是检测出甲骨片图像区域，是整个系统成功的基础；形态学处理的主要目的是形成甲骨片的闭合图像区域，用以完整地表示甲骨片的轮廓信息；边界跟踪的目的是获取甲骨片的轮廓信息。为了后续轮廓匹配的需要，待缀合甲骨片的轮廓跟踪和建立甲骨片数据库时采用的跟踪方向相反。

接着，对预处理的甲骨片图像进行边界片段提取，此处采用的是从数据库中逐段搜索能够匹配的轮廓片段的方式。整个系统能否运行的关键是如何从待缀合轮廓中选择合适的边界片段，以及如何从数据库候选轮廓中选择候选边界片段。相对简单的方式是设定一个固定的轮廓片段长度，从待缀合的轮廓和数据库某一候选轮廓中直接截取该长度的轮廓片段进行匹配。然而，这个固定的长度难以确定。一种改进的策略便是从较小的长度开始进行匹配，并设定一定的步长，随着匹配的成功再逐渐地增加提取轮廓的长度。但是，这无疑会耗费较大的计算量。

在整个系统中，甲骨片轮廓片段特征的计算是关键，只有合理表示出轮廓片段的特征之后才有可能进行后续的匹配操作。如果把轮廓片段看成一个点集，计算每个边界点的形状特征值，再定一个与各个边界点相关的自变量，从而可以构成一个边界描述函数。如果具有明确的形状描述函数，而且这个函数也具有平移、选装、尺度变化等不变的特性，则设计合理的形状函数匹配算法将可以很好地进行甲骨片轮廓片段的匹配。在实际中，除了直接按照轮廓片段有关的边界点进行特征计算外，通常还需要考虑待缀合和候选甲骨片的整体形状特性，如轮廓重心、半径等有关信息。

在计算甲骨片轮廓片段的特征的过程中，数据库候选甲骨片的轮廓片段需要进行旋转操作才能与待缀合的轮廓片段进行耦合。在碎纸拼接技术中，最为经典的旋转方式是设定给定的旋转步长，对轮廓片段旋转360°。每一次旋转后都与待缀合的轮廓片段进行耦合测试。这种方式计算量较大。贾海燕等对这种方法进行了改进，他们只需要旋转10°左右即可，大幅减少了计算量。碎纸拼接的这种旋转方式在甲骨片缀合辅助系统中同样有效，也是缀合过程中必须考虑的一个问题。

在对甲骨片轮廓片段的特征进行计算后，待缀合甲骨片的轮廓片段和数据库甲骨片轮廓片段可以分别用它们的特征向量 Fs 和 Fd 来表示。比较它们的相似性最简单的方法是采用欧氏距离，即如果 $\| Fs-Fd \|$ 小于给定的阈值，则认为该候选的加固片有可能在该轮廓片段上和待缀合加固片耦合。然而，因为 $\| Fs-Fd \|$ 的取值范围难以确定，因此，阈值的选取较为困难。计算两个向量是否相似的最为常用的方法是计算它们的相似度：

$$Sim(Fs, Fd) = \frac{sum(\min(Fs(i), Fd(i)))}{sum(\max(Fs(i), Fd(i)))}。 \qquad (2-1)$$

从式（2-1）可以看出，Sim 的取值在 ［0，1］的范围内，因此可以较为方便地设定阈值。

基于以上设计的甲骨文缀合辅助系统程序如图 2-16 所示。

实验表明，当基础数据库中存在目标甲骨碎片时，该系统可以自动将其找到。事实上，来自不同甲骨上的碎片仅就其边界而言，可能是相同的。也就是说，对于给定的待缀合甲骨碎片，一般情况下，在基础数据库中会存在多个疑是目标的甲骨碎片——自动生成动态备选甲骨碎片数据库。疑是目标甲骨碎片的判断，需要根据"时代、字迹、骨版、卜辞"通过人机交互来实现。当选定待缀合的甲骨碎片后，该系统可以自动生成疑是目标甲骨碎片的动态数据库，甲骨文专家只需要基于"备选甲骨碎片数据库"通过人机交互就可实现甲骨文缀合，这将为甲骨文缀合人员节省大量的时间。

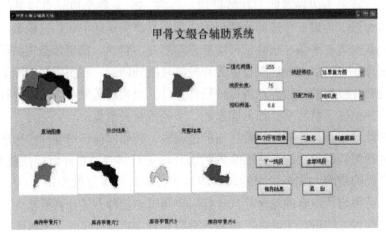

图 2-16　甲骨文缀合辅助系统界面

张长青等提出了从图像的预处理和边界匹配两个主要步骤来进行甲骨图片的缀合。根据边界匹配这一进行缀合的关键技术，从提取甲骨文拓片轮廓线出发，融合甲骨拓片本身特点，通过边界特征来判断两个轮廓是否匹配来达到拓片缀合的目的，实现了基于计算机辅助的甲骨拓片缀合算法。

在预处理过程中，针对甲骨图像边界缺失问题，张长青等提出了一种边界增补方法，其实现方法有两种：一是手工处理。即预先通过人的主观判断，手工将边界上的缺口补全。二是边界采样，多边形逼近。在边界上进行间隔采样，获取一系列边界点，并将其连接，形成多边形，近似为拓片轮廓。

获得拓片轮廓后，根据轮廓特征进行匹配。考虑到甲骨拓片生成数字化图像时，根据文字等信息，拓片已经基本正立放置。因此，仅需旋转较小的角度即可。

在缀合的过程中，其匹配程度计算是关键问题，在进行了甲骨图片预处理、拓片轮廓提取后，张长青等采取了以下算法进行匹配度计算，算法流程如图 2-17 所示。

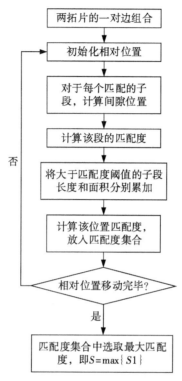

图 2-17 匹配度计算流程

2.2.6 甲骨文语义分析

随着大量甲骨文研究资料的数字化整理及学术论文的发表，甲骨文基础数据的规模越来越大，逐渐体现出海量的、异构的分布式特征。再加上由于甲骨文记录载体老化及在考古发掘过程中的损坏等因素，大量的文字出现模糊和残缺现象。所以单纯从甲骨文的字形上去考释甲骨文难度极大，结合上下文语义环境来辅助甲骨文考释是一种有效手段。另外，在甲骨文释读和理解过程中，也需要充分考虑语义信息。

熊晶等在文本挖掘的基础上，结合语义 Web 技术，将实体及其关系 RDF 化并在生成的 RDF 集合中进行语义搜索，利用本体关系和本体推理挖掘 RDF 对象间显式或隐式的语义关系，得出实体 RDF 化可以提供规范的结构化语义描述、Lar KC 体系适用于甲骨文大规模语义处理的结论。

根据甲骨文数据涉及的不同领域，分别建立甲骨文常识本体（甲骨文基础知识，包括甲骨文发现历史、考古记录、文字特征、语法知识等）、甲骨文内容本体（经甲骨文专家及历史学家考释出来的，反映商代社会人们的家庭关系、生活、农作、天气、战争、狩猎等事件及其相互关系的知识库）和甲骨文文献本体（依据甲骨文研究论文及专著建立的资源本体）3个本体库。本体来源于权威的甲骨文专著、学术论文、甲骨卜辞拓片、甲骨文图文资料库、甲骨文数据库等，在构建过程中由专家进行指导和确认。建立甲骨文常识本体时借鉴 How Net 的构建体系，在 How Net 基础上抽象出甲骨文的概念知识。其步骤为：

①对甲骨文的已释字和未释字信息，进行统一的编码，给出每个甲骨字的唯一 ID。

②建立甲骨文的基本语义知识词典。甲骨字所对应的 DEF 和 RMK 记录遵照 How Net 的描述体系来完成。图 2-18 显示了以已释甲骨字"山"的构建。

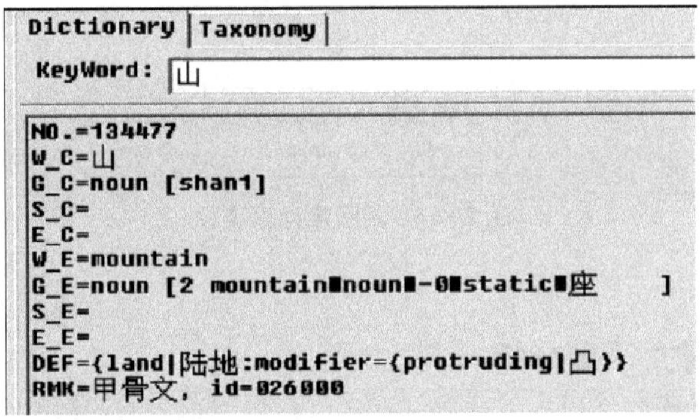

```
Dictionary | Taxonomy |
KeyWord: 山

NO.=134477
W_C=山
G_C=noun [shan1]
S_C=
E_C=
W_E=mountain
G_E=noun [2 mountain■noun■-0■static■座      ]
S_E=
E_E=
DEF={land|陆地:modifier={protruding|凸}}
RMK=甲骨文, id-026000
```

a

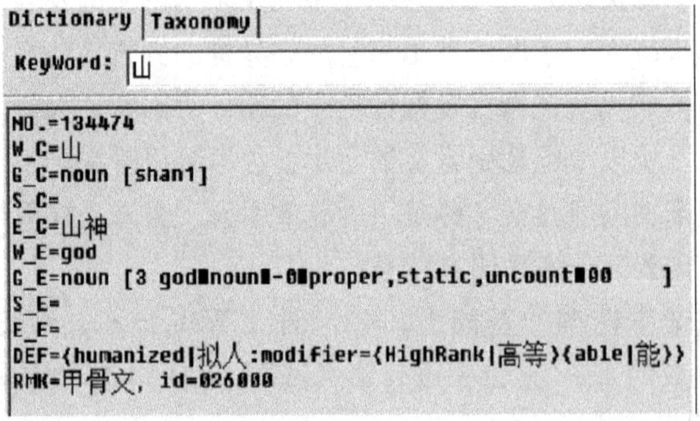

```
Dictionary | Taxonomy |
KeyWord: 山

NO.=134474
W_C=山
G_C=noun [shan1]
S_C=
E_C=山神
W_E=god
G_E=noun [3 god■noun■-0■proper,static,uncount■00      ]
S_E=
E_E=
DEF={humanized|拟人:modifier={HighRank|高等}{able|能}}
RMK=甲骨文, id-026000
```

b

图 2-18 已释甲骨字"山"的两个义项操作

③建立隶定字与 How Net 的映射表。在每个隶定字与 How Net 中意思相同的记录之间建立一个映射关系，并且把这个隶定字的 ID 记录到 How Net 的"RMK"项中，如图 2-19 所示。

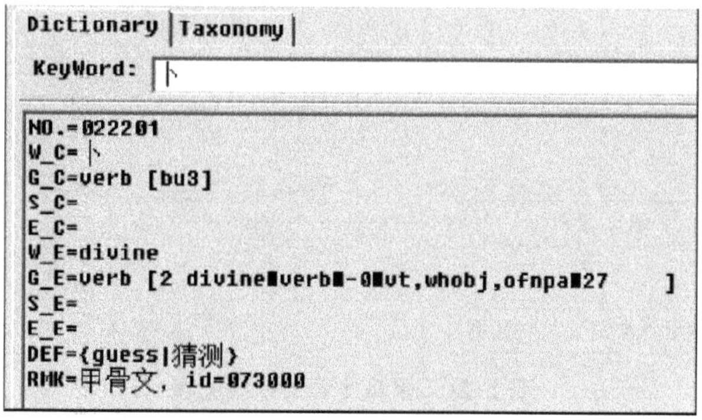

```
Dictionary | Taxonomy |
KeyWord: |卜
NO.=022201
W_C=卜
G_C=verb [bu3]
S_C=
E_C=
W_E=divine
G_E=verb [2 divine■verb■-0■vt,whobj,ofnpa■27      ]
S_E=
E_E=
DEF={guess|猜测}
RMK=甲骨文, id=073000
```

图 2-19 隶定字"卜"[隶定为"卜"（卜）]的操作

④未释字在甲骨文知网中的表示。目前还有大量的甲骨字尚未考释出来或者未得到专家的一致认可，这些字的语义尚不确定，因此，采用统一的表示方法，仅以 ID 区分不同的未释字，如图 2-20 所示。

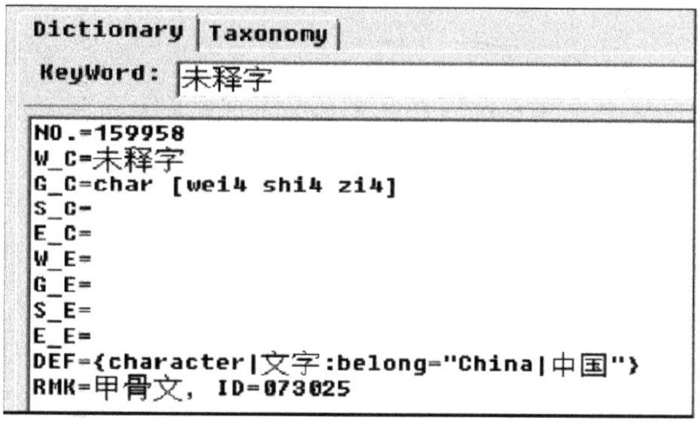

```
Dictionary | Taxonomy |
KeyWord: |未释字
NO.=159958
W_C=未释字
G_C=char [wei4 shi4 zi4]
S_C=
E_C=
W_E=
G_E=
S_E=
E_E=
DEF={character|文字:belong="China|中国"}
RMK=甲骨文, ID=073025
```

图 2-20 未释甲骨字"卄"的操作

接着，选择甲骨文本体作为语义关联描述框架，在大规模的 RDF 集合中通过语义搜索发现实体间显式的或隐式的语义关系并建立联系，最终获得语义关联数据。甲骨文语义挖掘流程如图 2-21 所示。

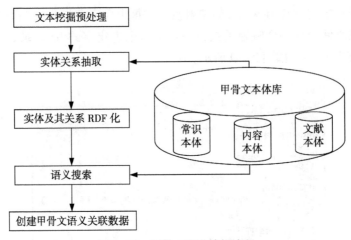

图 2-21　甲骨文语义挖掘流程

其中，文本挖掘预处理包括文本分类和数据清洗，实体关系抽取通过文本挖掘方法辅以本体来实现，实体及其关系的 RDF 化是挖掘过程的关键技术，其目的是让实体及其关系具有规范的结构化的语义描述，从而方便机器理解。熊晶等通过抽取关系数据库中的 ER 关系，利用关系映射规则，将关系数据库中的实体记录转化成 RDF 三元组形式。转换流程如图 2-22 所示。

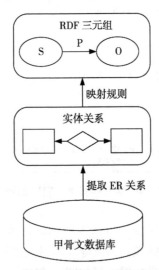

图 2-22　基于 ER 模型的 RDF 数据转换流程

语义搜索阶段的任务是获取 RDF 三元组间的语义关联，包括甲骨文记载的人物关系、地理位置关系、祭祀关系、时空关系、事件关系等，本体推理有助于语义关系的发现，包括基于本体关系的推理和基于规则的推理。熊晶等整理出基于 Lar KC 的甲骨文语义处理流程，如图 2-23 所示。该流程先通过检索技术从海量的甲骨文基础数据中定位或识别出与需求相关的数据。然后，需要根据被定位的数据进行相应的转换，使其变成统一的语义数据，用 RDF 三元组描述。转换之后，可能面临着大规模的语义数据，因此，还要根据处理的需要选择直接相关的部分语义数据，并对这一部分的语义数据进行推理。根据推理结果进行判定或决策，如果不符合要求，则扩大被选择的数据，再次进行推理，直到结果符合要求。

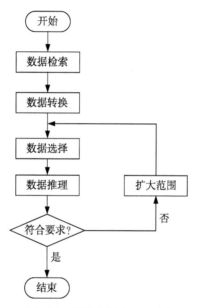

图 2-23　甲骨文语义处理流程

吴琴霞等在甲骨文领域本体语义环境的基础上，提出一种针对甲骨文卜辞这种特殊结构的文档进行语义标注的方法。该方法先对甲骨片上的卜辞信息进行分解，然后在甲骨文本体知识的指导下进行概念抽取。对于每个具体的实例概念在本体知识库中寻找其语义环境信息。按照所提出的规则分别计算这些信息与具体一条卜辞的重要度，最后以三元组的形式把标注信息存放于标注库中（标注模型如图 2-24 所示）。避免了先抽取后处理的麻烦，为以后的甲骨卜辞残辞拟补，甲骨文字的考释打下了坚实的基础。另外，通过实验分析，采用本方法对甲骨文卜辞进行标注与采用基本方法的相比准确率大有提高。

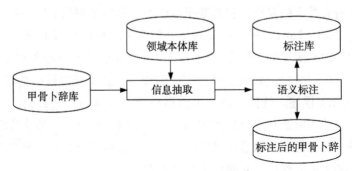

图 2-24　甲骨卜辞语义标注模型

高峰等从甲骨文语言自身特点出发，首先分析了甲骨文中所涉及的语义信息，并对其进行分类；其次按照配价原则对每个语义的属性及关系进行描述；最后构造一个半自动化的甲骨文语义词典生成系统，以期为甲骨文辅助机器翻译和考释工作服务。

甲骨文作为最早具备汉语语法体系的文字，虽有很多特征均延续到后代传世文献，但其有区别于其他古籍的一些特点，重点是文字和语法。根据甲骨文的这些特殊性，参考了 Word Net 的框架，借鉴 How Net 的思想，进行语义分析，形成了甲骨文语义分类体系。在词典设计中，借鉴配价语法、格语法等主流语义分析理论，参考 SKCC 的做法，采用语义分类与属性描述相结合的语义信息表述方法，最终形成了甲骨文领域语义词典半自动化构建的系统模型，如图 2-25 所示。

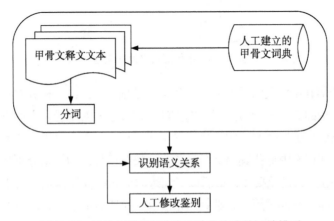

图 2-25　甲骨文语义词典半自动化构建的系统模型

2.2.7　甲骨文计算机辅助翻译技术研究

甲骨学是在 1899 年殷墟甲骨文发现之后产生、形成、发展、壮大的，经过国内外学者 100 余年的探索与努力，现已成为一门具备严格学科规范的国际性显学。作为最早、成体系、能够全面完善地记录汉语言的文字符号，甲骨文的研究对我国乃至世界科学文化的发展有着重大的学术价值。目前已出土的甲骨片约 15 万片，已经发现的甲骨字有 5249 个，其中认识或基本认识的甲骨文字仅约占总数的 2/5。研究甲骨文面临的首要问题是如何识别和理解甲骨文字。因此，甲骨文的识别和白话释读是两个重要的研究内容。

熊晶等通过引入计算机辅助翻译的技术，将已经过甲骨文专家确认的正确现代汉语释读存储在翻译记忆库中，实现了专家知识的共享和重用。基于翻译记忆的辅助翻译技术对大多数的甲骨文句子，准确率达 74.3%，对残缺部分较多或含未释字较多的甲骨文句子，准确率为 27.2%，基本满足甲骨文研究需要。其翻译流程如图 2-26 所示。

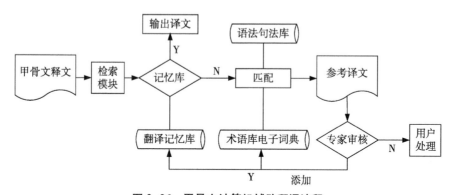

图 2-26　甲骨文计算机辅助翻译流程

首先，收集权威的无争议的甲骨文释文及其译文，建立翻译记忆库。记忆库存储单元是由甲骨文释文—现代汉语译文句对构成的翻译单元。

在翻译过程中，输入待翻译的甲骨文释文后，系统将自动搜索翻译记忆库，寻找与待译句子相匹配（相同或相似）的翻译单元；从匹配结果中找出与原文最接近的翻译单元，返回参考译文，并统计匹配度。也可以根据自身需要对参考译文进行选用、修改或弃用等操作，若是选用或修改，则做出相应标记。

翻译记忆库是一个不断学习和逐渐扩充的过程。记忆库可以自动记录新的翻译单元，但是只有那些做出标记并经过甲骨文专家修改或确认的翻译单元才会最终更新到翻译记忆库中。因此，随着系统使用时间的积累，翻译记忆库中的语料资源将日益丰富，翻译结果也将日趋精确。

若待翻译的甲骨文释文句存在于翻译记忆库中，则直接输出相对应的现代汉语翻译句；若翻译记忆库中没有待翻译释文句，则将源句进行分词后再进行匹配，匹配过程中需要利用术语库、甲骨文电子词典和甲骨文语法句法库。匹配后输出参考译文，若经专家修改和审核后，可以将相应的术语和翻译句对分别加入术语库和翻译记忆库，若未经专家审核，用户可以自行处理，即对参考译文采取选用、修改或弃用等操作。

这里计算机辅助翻译只涉及术语管理、翻译记忆库管理、检索匹配算法等技术。

甲骨文计算机辅助翻译系统中的术语均来自权威的甲骨文著作，以甲骨文电子词典的形式存储和更新；在翻译记忆库的管理上，语料处理与对齐比较关键，采用基于甲骨文词典、甲骨文句法规则和句法分析相结合的办法实现分词操作，分词流程如图 2-27 所示。

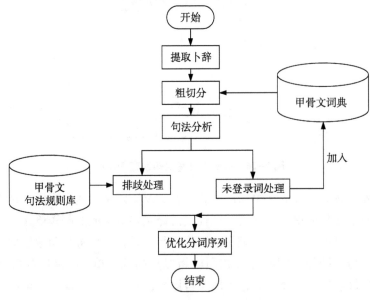

图 2-27　甲骨文分词流程

检索匹配算法主要包括匹配度计算和检索算法。用 S_o 表示待翻译的甲骨文释文句子，用 S_e 表示翻译记忆库中的甲骨文释文句子，从句子词语集合相似度和编辑距离两个方面进行匹配度计算。S_o 与 S_e 的匹配度 Sim（S_o，S_e）计算如下：

$$Sim(S_o，S_e) = \alpha \times Sim_c + \beta \times Sim_d, \qquad (2-2)$$

其中，Sim_c 表示 S_o 和 S_e 的词语集合相似度，采用 Jaccard 相似度计算，即

$$Sim_c = \frac{|W_{S_o} \cap W_{S_e}|}{|W_{S_o} \cup W_{S_e}|}, \qquad (2-3)$$

其中，W_{S_o} 和 W_{S_e} 分别为 S_o 和 S_e 分词后构成的词语集合。Sim_d 是基于编辑距离计算的相似度，即

$$Sim_d = 1 - \frac{EditDist(S_o，S_e)}{L_{\max}(S_o，S_e)}, \qquad (2-4)$$

其中，$EditDist$（S_o，S_e）为 S_o 和 S_e 的编辑距离，$L_{\max}$（S_o，S_e）表示 S_o 和 S_e 的句子长度的最大值。

式（2-2）中，α 和 β 为权重参数，且 $\alpha+\beta=1$。为提高检索速度，引入信息熵的概念，即计算甲骨文释文中各词的信息熵，设定其最小阈值 D，信息熵低于 D 的词不参与检索。算法描述如下。

Step 1：将输入的待翻译句子进行分词，剔除信息熵小于阈值 D 的词，得到词集合 W；

Step 2：对于每个词 $\omega_i \in W$，通过词的倒排索引从翻译记忆库中检索出所有包含 ω_i 的句子，得到句子集合 S_i；

Step 3：求 S_i 的并集得到句子集合 S；

Step 4：对每个句子 $S_i \in S$，利用式（2-2）求出 Sim（S_o，S_i）并按降序排列；

Step 5：取 Sim（S_o，S_i）值最大的句子 S_i 作为目标释文句；

Step 6：输出目标释文句对应的现代汉语句，即为参考译文。

基于上述技术，最终实现了一个甲骨文计算机辅助翻译系统。甲骨文计算机辅助翻译系统的输入为待翻译的甲骨文释文句，输出为相对应的参考译文，并显示匹配释文的相关信息和匹配度，如图 2-28 所示。

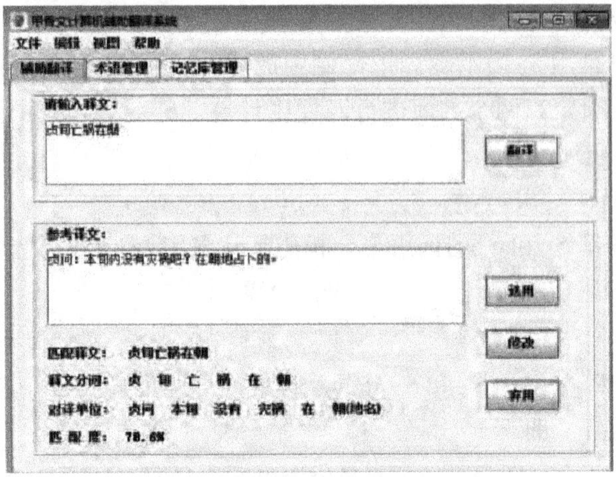

图 2-28 甲骨文计算机辅助翻译系统

同时，熊晶等在研究基于实例的甲骨文机器翻译缺乏深层次语义分析的问题中，引入了本体技术。采用实例和本体相结合的办法，分阶段实现甲骨文语句的机器翻译。基于实例的方法用于仅需浅层语义分析的句子，基于本体的方法用于需深层语义分析的句子，实现了多策略的甲骨文机器翻译方法。在对比分析甲骨文与现代汉语之间的内在联系基础上，建立了甲骨文知识本体，为机器翻译的词典和语义提供概念及其层次网络，解决甲骨文同义词、兼类词及词义消歧问题。实验结果表明：对于常规的简单甲骨文语句，基于实例的机器翻译结果较好；对于复杂的甲骨文语句，需要利用基于本体的机器翻译，其结果也基本满足研究需求。提出的方法在处理甲骨文同义词、兼类词、词义消歧方面取得了较好的效果，但是对存在省刻、错刻的复杂甲骨句，其翻译效果较差。

2.2.8 甲骨文著录信息化

目前，还没有相关研究能解决如下问题：如何查询某片甲骨在所有著录中的收录情况？如何查找某篇缀合甲骨各碎片的著录出处？如何查询某片甲骨的出土地和收藏地，并获取与该片甲骨有相同出土地或收藏地的其他甲骨片？如何通过用户的查找推送主题相关的其他甲骨信息？为解决这些问题，设计开发了一个甲骨文著录综合信息化系统，实现了甲骨文著录及甲骨片的关联查询。目前该系统存储甲骨文献及著录 927 部，甲骨图片 95 970 张，以满足甲骨文研究者的研究需求。

构建甲骨文著录综合信息化系统旨在服务于甲骨文专家和研究者，将甲骨文发现以来近 120 年出版的著录进行数字化、数据化，最终达到知识服务智能化的目的。信息化系统框架如图 2-29 所示。

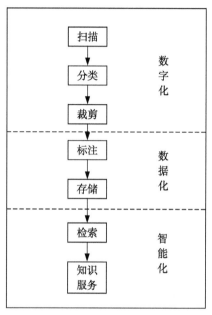

图 2-29 信息化系统框架

整个框架分为 3 个阶段：数字化、数据化、智能化。

数字化阶段将纸质的出版著录利用高清扫描仪进行扫描，并根据不同方式进行分类；著录信息的数据化通过对甲骨文著录进行碎片化标注实现，并存储到关系数据库和图片数据库中。甲骨文著录及著录中的甲骨片标注信息如图 2-30 和图 2-31 所示。

由于目前"以图搜图"的检索方式在甲骨文信息处理中的应用尚不成熟。智能化阶段的检索分为基于字粒度的著录检索和基于内容与关联分析的智能检索。通过利用数据化阶段的标注数据，融合知识图谱和推荐系统，可以为甲骨文专家提供智能化的知识服务，包括甲骨文著录及甲骨片的关联分析与检索、基于知识推理的甲骨考释线索推送等。

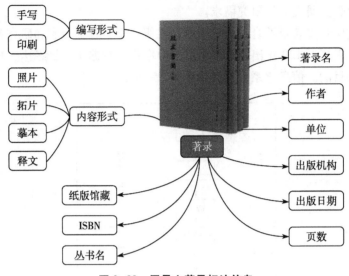

图 2-30 甲骨文著录标注信息

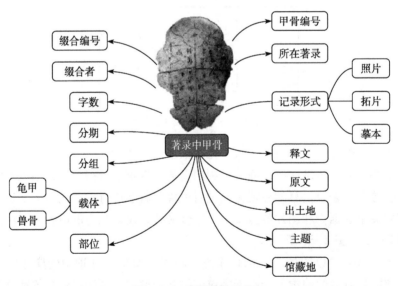

图 2-31 甲骨片标注信息

甲骨文著录综合信息化系统主要服务于甲骨文专家及研究学者，为其提供全面权威的甲骨文著录及甲骨片研究信息。前端用户即甲骨文专家及研究者，后台管理端由软件工程师在专家学者的指导下实现甲骨文著录信息的管理和维护。系统功能比较全面，如图 2-32 所示。

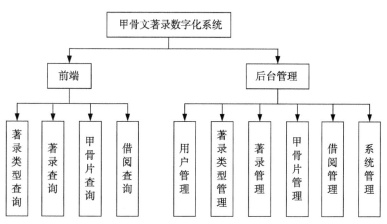

图 2-32　系统功能模块

　　系统功能最主要最常用的是查询功能，为了满足甲骨文研究者对甲骨文著录和某一甲骨片两个方面的查询需要，查询均提供多种类型的综合查询，同时，提供关联查询功能。例如，查询收录了某一片甲骨的所有著录；某片甲骨是缀合甲骨中的一片，通过关联可以查询到缀合甲骨的其他甲骨片。基于此原则，该系统建立了 7 个数据表：管理员信息表、著录类型信息表、著录信息表、甲骨片信息表、用户类型信息表、用户信息表、借阅信息表。其中，最重要的两个表是著录信息表（t_obirecord）和甲骨片信息表（t_obi），其结构分别如表 2-1 和表 2-2 所示。

表 2-1　著录信息表（t_obirecord）

字段名	数据类型	是否空值	说明
rid	int	Not Null（主键，自增）	唯一的著录 ID
ISBN	varchar（20）	Not Null	著录的 ISBN 号
rname	varchar（200）	Not Null	著录名称
rTypeId	int	Not Null	著录类型，与著录类型表中 TypeId 关联
authors	varchar（200）	Not Null	著录作者
institution	varchar（200）	Not Null	作者单位
publisher	varchar（100）	Not Null	出版机构
publishDate	datetime	Not Null	出版时间

续表

字段名	数据类型	是否空值	说明
price	float	Not Null	著录价格
count	int	Not Null	著录存本数量
introduction	varchar（500）		著录简介
rPhoto	varchar（100）		著录图片，存储内容为图片路径
pages	int	Not Null	著录页数
writeType	varchar（50）	Not Null	著录编写形式
contentType	varchar（50）	Not Null	著录内容形式
lib	varchar（100）		著录馆藏地
isEpub	char（1）	Not Null	是否有电子版格式，"1"表示有，"0"表示无
created	datetime	Not Null	创建日期
updated	datetime	Not Null	修改日期

表2-2　甲骨片信息表（t_obi）

字段名	数据类型	是否空值	说明
oid	int	Not Null（主键，自增）	唯一的甲骨片 ID
ono	varchar（20）	Not Null	甲骨片的编号，如 H13931B
rid	int	Not Null	出自哪部著录，与著录信息表中 rid 关联
page	int	Not Null	所在著录的第几页
showType	varchar（20）	Not Null	记录形式
partObi	varchar（20）		甲骨刻凿部位，若为待考证，则空
srcContent	varchar（200）		甲骨文原文，可能无字或模糊不可认，则空
scriptContent	varchar（200）		甲骨文释文，可能无字或模糊不可认，则空
obicount	int	Not Null	甲骨片上的甲骨字数量
digplace	varchar（200）		甲骨片发掘地点，可能未知，则空

续表

字段名	数据类型	是否空值	说明
saveplace	varchar（200）		甲骨片馆藏地点，可能未知，则空
theme	varchar（200）		甲骨卜辞主题，若为待考证，则空
carrier	varchar（20）	Not Null	甲骨片载体，即龟甲或兽骨
period	varchar（20）		甲骨片分期，若为待考证，则空
obigroup	varchar（20）		甲骨片分组，若为待考证，则空
whocompose	varchar（50）		甲骨片缀合者，若非缀合甲骨，则空
composeNo	varchar（50）		甲骨片缀合编号，若非缀合甲骨，则空
isEpub	char（1）	Not Null	是否有电子版格式，"1"表示有，"0"表示无
created	datetime	Not Null	创建日期
updated	datetime	Not Null	修改日期

系统实现基于 B/S 架构，采用了 Spring+Spring MVC+My Batis 轻量级整合框架。在界面表现上集成了 Easy UI 框架，数据库采用 MySQL，Web 服务器选用 Tomcat8。甲骨文著录管理页面和甲骨片管理页面如图 2-33 和图 2-34 所示。

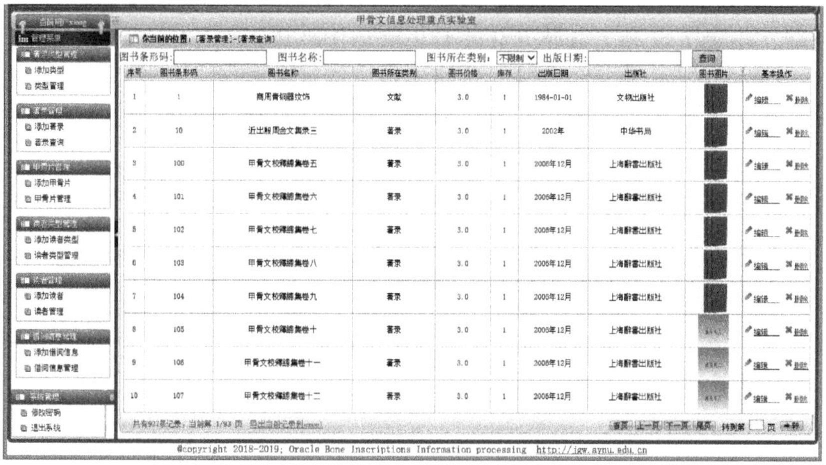

图 2-33　甲骨文著录管理页面

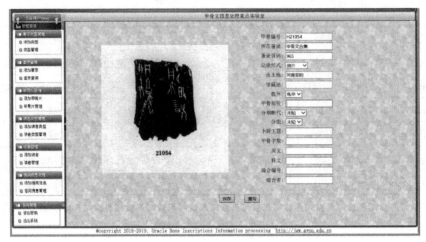

图 2-34　甲骨片管理页面

2.3　甲骨文字形结构分析及单字拆分

2.3.1　甲骨文字形结构分析

语料库是语言研究和计算机技术相结合的产物，甲骨文语料库是甲骨文研究的数字化平台，是在甲骨文原始语言材料的基础上，围绕考释甲骨文的目的，经过语言学的加工、分析而形成的甲骨文材料的仓库。它是我们研究的基础，建立甲骨文语料库的目的就是要运用计算机技术通过语料库来研究甲骨文。本书就是考虑在甲骨文语料库总体设计的基础上，建立一个甲骨文字库，录入常见的甲骨字，并对这些字按照部首进行拆分。甲骨文字形知识库的建设包括 3 个方面的内容：字形库的内容、语料收集和语料的加工。

（1）字形库的内容

字形数据库建立在大规模甲骨文字库的基础上，是对每个甲骨文字结构的详细标注，包括由哪几个构件组成，以及它们的位置关系包含着甲骨原字和繁体字、隶定字、简体字的对应关系，还包含跟金文、小篆的对应关系。其中字库表中的数据如图 2-35 所示。

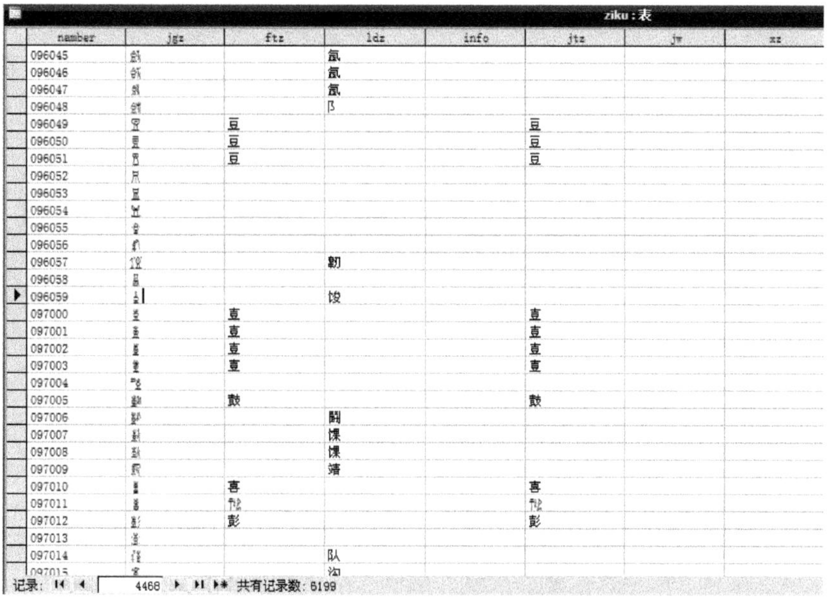

图 2-35 字库表中的数据

（2）语料收集

语料收集包括以下内容：①获得语料的途径。甲骨文原始材料均来源于正式出版的甲骨文著录，如《甲骨文合集》《英国所藏甲骨》等，通过扫描输入计算机，其中甲骨文、金文和小篆构件表均来自于华东师范大学中国文字研究与应用中心的数字化资源。其中包括甲骨文字形表、甲骨文一层构件频率层级统计表、甲骨文独体构件频率层级统计表、甲骨文合体字构件方位所出字形表等数据表。②语料的数据格式：字形采用通用的关系数据库格式。③语料的质量保证。因为语料取自甲骨文拓片，文字取自拓片，所以可以保证语料的真实性和科学性语料的扩展型。由于甲骨文是比较古老的文字，现在已经不再使用，故甲骨文语料库具有穷尽性，理论上可以包含已经发现的所有语料。

（3）语料的加工

对于已经进入计算机的语料，根据应用的目的，还需要做进一步的标注，这叫作语料的加工。具体内容包括：①加工层次。原始的语料本身已经代表着甲骨文字的很多特征，但是要进行更为深入的语言研究，或者说为了深入研究甲骨文字构形，需要把其中隐藏的信息显现出来，这就要对其进行不同层次的加工。例如，单字拆分，通过一些小型程序统计出每个甲骨文字、金文、小篆都由哪几个构件组成，其中包括一级构件和二级构件。②旧加工方式。具体加工过程可以采用人工和加工工具辅助两种方式。其中一级构件表和二级构件表中的数据分别如图 2-36 和图 2-37 所示，经过单字拆分之后统计出的单字及其构件如图 2-38 所示。

SEFTQ.jgw -...stComponent	SEFWQ
id	component
1	人
2	又
3	女
4	水
5	宀
6	廾
7	止
8	攴
9	皿
10	木
11	彳
12	卩

图 2-36　一级构件表中的数据

SEFTQ.jgw -...alComponent	SEFWQ.
id	component
1	口
2	假
3	人
4	止
5	木
6	女
7	柴
8	屮
9	水
10	宀
11	丨
12	卩
13	彳
14	戈
15	火

图 2-37　二级构件表中的数据

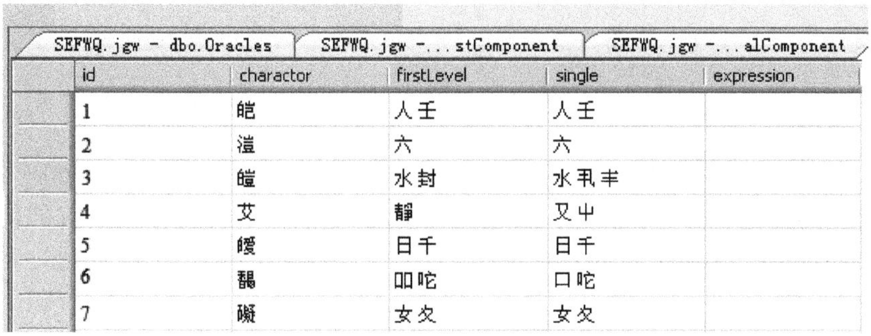

SEFWQ.jgw - dbo.Oracles	SEFWQ.jgw -...stComponent	SEFWQ.jgw -...alComponent		
id	charactor	firstLevel	single	expression
1	皓	人壬	人壬	
2	澄	六	六	
3	暄	水封	水乳丰	
4	艾	静	又屮	
5	暖	日千	日千	
6	龤	叩陀	口陀	
7	礴	女爻	女爻	

图 2-38 单字及其构件

近年来，由于社会对汉字信息化的需要，在汉字字形处理方面也取得了长足发展，诸如汉字信息字典、汉字部件规范、汉字数学表达式、字符描述语言等代表成果不断涌现。同时甲骨文的计算机处理方法也受到越来越多的重视，但如何实现对甲骨文字的有效编码一直是众多学者普遍关注的问题之一。

由于甲骨文年代久远，从音义上难以把握，所以建立一种统一、有效的甲骨文字描述方法是用计算机处理甲骨文的基础。甲骨文是由有限的相对稳定的基础构件以一定的组合模式和组合层次组成的一定数量的单字，个体字符之间以一定的规律相互联系、相互区别，形成有序的系统。因此，本书采用甲骨文字的构件、构件所在位置，即构件方位及构件所在层级组合而形成的数学表达式来研究甲骨文字形。

数学表达式是一种全新的数学表达方法，即把汉字表示成由汉字部件作为操作数、运算符号为部件间结构关系的数学表达式。这种数学表达式接近自然，结构简单，通过语法文本而不是图像来描述文字的象形、表意特性，并且可以像普通的数学表达式一样按一定的运算规则处理。

在此选定由 5943 个甲骨文单字字形中共拆分出的 2168 个无差别构件，9 种运算符，依次是上下（如"𠂤"）、左右（如"𠀉"）、上中下、左中右（如"林"）、左右两边（如"𠂤"）、上下两边、全包围、半包围（如"宋"）、中间穿合等结构。

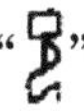

1）构件方位

构件方位就是指某一构件在整个字形中具体所处的相对位置。构件的相对位置可用字母来表示。例如，位置"上"，其代号为"s"；位置"下"，其代号为"x"等。又如，字"⺊𠂤"中的构件"口"，其位置处于字的左边，其位置代号为"z"；构件"人"处于字的右边，位置代号为"y"。再如，"⚏"中的构件"口"位置是左右两边外，则其位置代号是"wo"。甲骨文的构件方位多种多样，目前研究得出大约 27 种构件方位。构件位置名称和位置代号如图 2-39 所示。

Id号	位置名	位置代号	
1	上	s	
2	下	x	
5	左	z	
6	右	y	
7	中	m	
8	内	n	
9	外	w	
10	左上	l	
11	右下	r	
12	左下	d	
13	右上	t	
14	缠在一起纵向	j	
15	缠在一起横向	g	
16	左右两边外	wo	
17	左右两边外...	mo	
18	上下两边	wc	
19	半包围开口...	mc	
20	半包围开口...	swq	
21	半包围开口...	xnq	
22	半包围开口...	xwq	
23	半包围开口...	snq	
24	半包围开口...	ywq	
25	半包围开口...	znq	
26	半包围开口...	zwq	
27	半包围开口...	ynq	

图 2-39　构件位置名称和位置代号

2）构件层级

层次组合的原则是按照构件方位和构件层级的不同来进行分析的。其中，构件层级是指构件在构字过程中所处的层级。甲骨文在层次结构上比较简单，最高层级为 4。其中，甲骨文层次组合中 2 层的情形最多，占了该层次组合总数的 4/5 还多；3 层的较少；4 层的极少。

2.3.2　单字拆分过程及结果

通过文字编码页面和构件方位编辑页面描述拆分过程。

　　在编码视图中，用户可以点击"上一个"和"下一个"按钮来选择待编码的甲骨文字。当选择了某一个甲骨文字后，该甲骨文字的构成部件就会出现在视图右半部分的一级构件和二级构件两个列表框中。用户可以单击选择一个构件，然后根据构件所在文字中的位置选择点击窗口中构件位置中的某一个按钮，在最终编码处会自动生成该构件的编码。如果某一个构件还可以再拆分，可以选择二级构件列表来生成编码，此时为了表示这个二级构件与前一个构件编码的从属层次关系，将有一对圆括号把二级构件的编码括住。如果拆分过程中出现错误，可以点击清除键，原来的拆分结果将被清除，然后重新按正确方法进行拆分。单字拆分完成以后，单击保存按钮，数字表达式就会自动存入数据库。根据以上过程设计的程序界面如图 2-40 所示。

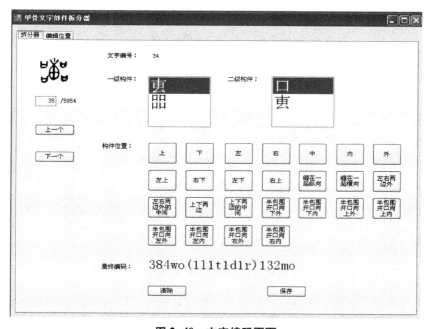

图 2-40　文字编码页面

　　构件方位编辑视图则是用来添加、删除、修改构件方位名和方位编码。其界面如图 2-41 所示。

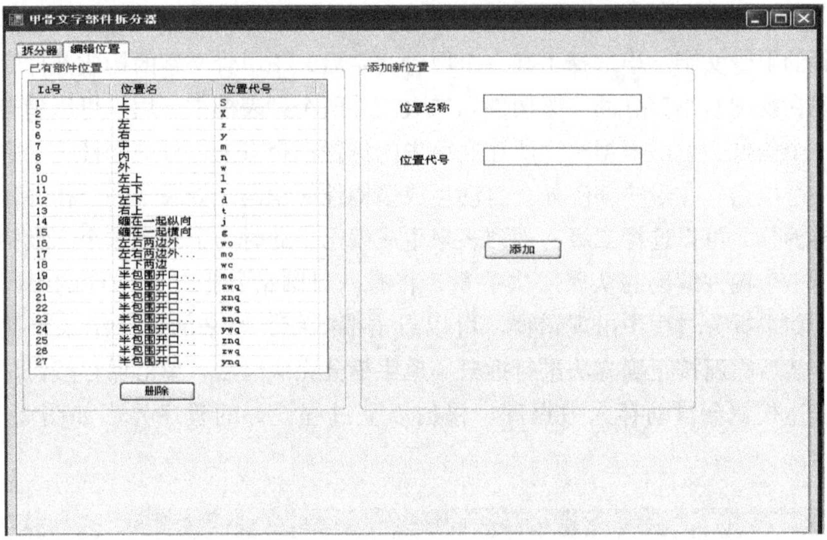

图 2-41　构件方位编辑视图

全部单字拆分完全并保存好后数据库表中的数据如图 2-42 所示。

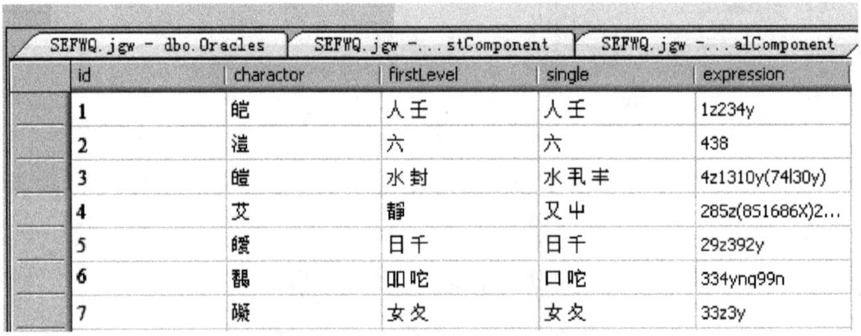

id	charactor	firstLevel	single	expression
1	皓	人壬	人壬	1z234y
2	澄	六	六	438
3	暗	水封	水乳丰	4z1310y(74l30y)
4	艾	静	又屮	285z(851686X)2...
5	暖	日千	日千	29z392y
6	鶡	叩吃	口吃	334ynq99n
7	陨	女夂	女夂	33z3y

图 2-42　数据库表中的数据

对甲骨文字单字拆分并保存之后，就可考虑在已生成的数字表达式基础上进行计算机处理，如对字形进行分析、基于部首的分类等。

2.4　总结

本章介绍了甲骨文信息化的概念和研究现状，较为全面地介绍了甲骨文在可视化输入、甲骨文字形库的构建、甲骨文字形分割和识别、甲骨文图片缀合、甲骨文语义分析方法及甲骨文计算机辅助翻译技术等方面的研究现状和所用技术步骤。对甲骨文著录信息化系统进行了详细描述，同时从语料加工和字形拆分方面对甲骨文字形进行了分析研究。

参考文献

［1］ 刘永革，栗青生. 可视化甲骨文输入法的设计与实现［J］. 计算机工程与应用，2004（17）：139-140.

［2］ 顾绍通，马小虎，杨亦鸣. 基于字形拓扑结构的甲骨文输入编码研究［J］. 中文信息学报，2008，22（4）：123-127.

［3］ 聂艳召，刘永革. 甲骨文自由笔画输入法［J］. 中文信息学报，2012，24（6）：123-127.

［4］ 栗青生，吴琴霞，王蕾. 基于甲骨文字形动态描述库的甲骨文输入方法［J］. 中文信息学报，2012，26（4）：28-33.

［5］ 林民，宋柔. 一种笔段网格汉字字形描述方法［J］. 计算机研究与发展，2010，47（2）：318-327.

［6］ LI F, WOO P Y. The coding principle and method for automatic recognition of Jiaguwen characters［J］. International journal of human-computer studies, 2000, 53（2）: 289-299.

［7］ 沈娟，马小虎. 甲骨文的曲线轮廓字形自动生成系统［J］. 计算机应用与软件，2009，26（1）：67-68，114.

［8］ 胡金柱，肖明. 关于甲骨文象形码输入法的编码原理研究［J］. 计算机科学，2002，29（8）：109-111.

［9］ 沈建华，曹锦炎. 新编甲骨文字形总表［M］. 香港：香港中文大学出版社，2001.

［10］ 刘志基. 读《新编甲骨文字形总表》兼论甲骨文字形检索系统的完善［J］. 辞书研究，2006，28（2）：85-96.

［11］ 陈婷珠，李新城.《新编甲骨文字形总表》中的异部误增［J］. 汉字文化，2010，22（2）：64-68.

［12］ 栗青生，吴琴霞，杨玉星. 甲骨文字形动态描述库及其字形生成技术研究［J］. 北京大学学报（自然科学版），2013，49（1）：61-67.

［13］ 吴琴霞，栗青生，高峰. 基于语义构件的甲骨文字库自动生成技术研究［J］. 北京大学学报（自然科学版），2004，50（1）：161-166.

［14］ 江铭虎，廖盼盼，张博，等. 甲骨文字库与智能知识库的建立［J］. 计算机工程与应用，2004（4）：45-47，60.

［15］ 李志勇，高峰. 基于知网的甲骨文可拓模型建模技术［J］. 计算机与现代化，2015（5）：30-34.

［16］ 刘永革，刘国英. 基于 SVM 的甲骨文字识别［J］. 安阳师范学院学报，2016

(12)：54-56.

[17] 顾绍通.基于拓扑配准的甲骨文字形识别方法［J］.计算机与数字工程，2016
   （10）：2001-2006.

[18] 高峰，吴琴霞，刘永革，等.基于语义构件的甲骨文模糊字形的识别方法［J］.
   科学技术与工程，2014（14）：67-70.

[19] 王爱民，刘国英，葛文英，等.甲骨文计算机辅助缀合系统设计［J］.计算机工
   程与应用，2010（21）：59-62.

[20] 张长青，王爱民.一种计算机辅助甲骨文拓片缀合方法［J］.电子设计工程，
   2012（9）：1-3.

[21] 王爱民，钟珞，葛彦强，等.甲骨碎片智能缀合关键技术研究［J］.武汉理工大
   学学报，2010（20）：194-199.

[22] 王爱民，葛文英，赵哲，等.龟甲类甲骨文碎片计算机辅助缀合研究［J］.计算
   机工程与设计，2010（10）：3570-3574.

[23] PAPAODYSSEUS C. Contour-shape based reconstruction of fragment, 1600 B. C. wall
   paintings ［J］. IEEE transactions on signal processing, 2002, 50 (6)：1277-1288.

[24] 贾海燕，朱良家.一种碎纸自动拼接中的形状匹配方法［J］.计算机仿真，2006，
   23（11）：180-183.

[25] 熊晶，高峰，吴琴霞.甲骨文大规模基础数据的语义挖掘研究［J］.现代图书情
   报技术，2015（2）：7-11.

[26] 吴琴霞，高峰，刘永革.基于本体的甲骨文专业文档语义标注方法［J］.计算机
   应用与软件，2013（10）：60-63.

[27] 吴琴霞，高峰，刘永革.基于上下文语义的甲骨文领域概念抽取算法的研究［J］.
   科学技术与工程，2014（14）：255-258.

[28] 高峰，田喜平，刘永革.甲骨文领域语义词典的构建研究［J］.安阳师范学院学
   报，2014（5）：43-47.

[29] 熊晶，高峰，吴琴霞.甲骨文计算机辅助翻译技术研究［J］.科学技术与工程，
   2014（2）：179-183.

[30] 熊晶，钟珞，王爱民.基于实例和本体的甲骨文机器翻译方法研究［J］.华中科
   技大学学报，2013（增刊2）：222-226.

[31] 郭锐，宋继华，廖敏.基于自动句对齐的相似古文句子检索［J］.中文信息学报，
   2008，22（2）：87-91.

[32] 袁冬，熊晶，刘永革.面向甲骨文的实例机器翻译技术研究［J］.现代图书情报
   技术，2012（5）：48-54.

[33] 熊晶，焦清局，史小松.甲骨文著录综合信息化系统设计与实现［J］.信息技术
   与信息化，2018（10）：63-66.

[34] 王建新.计算机语料库的建设与应用［M］.北京：清华大学出版社，2005.

[35] 龙眆，李涓子，王作英.基于语义依存关系的汉语语料库的构建［J］.中文信息
   学报，2003（1）：46-53.

[36] 李学勤.甲骨文同辞同字异构例［J］.江汉考古，2000（1）：30-32.

[37]　马如森. 殷墟甲骨学 [M]. 上海：上海大学出版社，2007.

[38]　金钟赞，程邦雄. 孙诒让的甲骨文考释与《说文》小篆 [J]. 语言研究，2003
　　　(4)：78-85.

[39]　陈年福. 甲骨文词义研究 [D]. 郑州：郑州大学，2004.

[40]　何婷婷. 语料库研究 [D]. 武汉：华中师范大学，2003.

[41]　栗青生，杨玉星. 甲骨文检索的粘贴 DNA 算法 [J]. 计算机工程与应用，2008
　　　(28)：140-142.

[42]　周新伦，李锋，华星城，等. 甲骨文计算机识别方法研究 [J]. 北京信息科技大
　　　学学报，1996 (5)：481-486.

[43]　鄢格斐，顾绍通，杨亦鸣. 基于数学形态学的甲骨拓片字形特征提取方法 [J].
　　　中文信息学报，2013 (2)：79-85.

[44]　吕肖庆，李沫楠，蔡凯伟，等. 一种基于图形识别的甲骨文分类方法 [J]. 北京
　　　信息科技大学学报，2010 (增刊 2)：92-96.

[45]　史小松，黄勇杰，刘永革. 基于阈值分割和形态学的甲骨拓片文字定位方法 [J].
　　　北京信息科技大学学报，2015 (6)：7-10.

第 3 章

基于隐马尔可夫模型技术的甲骨卜辞的分析研究

3.1 基于隐马尔可夫模型技术的甲骨卜辞的研究背景和意义

3.1.1 研究背景

甲骨文是"千年神甲、文字始祖",是中国已发现的古代文字中时代最早、体系较为完整的文字。殷墟甲骨卜辞记载着殷商晚期历史,也是中国语言、文化、历史可追溯的最早源头。目前发现的甲骨文字有 5000 多个,但目前仅认识 1500 个左右,所以,甲骨文考释一直是甲骨学研究领域的一个重要课题。并且,随着 2006 年安阳殷墟被世界教科文组织收录进世界文化遗产名录,甲骨文的考释研究将推动殷商文化的研究和传播。

自 1899 年王懿荣发现甲骨文至今的 100 多年来,甲骨文的收集、整理、著录和研究,已逐渐发展成为一门新的学科——甲骨学。1904 年孙诒让作《契文举例》,这被后人公认为是第一部考释甲骨文的著作。1914 年,罗振玉在王国维的协助下出版了《殷墟书契考释》,该书共考定了帝王 22 个、先妣 14 个、人名 78 个、地名 193 个、文字 485 个。这标志着甲骨文研究进入了"文字时期"。他在考释文字的基础上注意了对整条甲骨文卜辞的通读;在考释文字上,他提出了一种释字原则即"由许书以上溯古金文,由古金文以上窥卜辞",主张考释文字应注意卜辞词句的通读和分类,对一词的考释,必求其形声义的符合。这些都给后来考释古文字者带来了一些启发,欲考释甲骨文字,必须先通读全文,从上下文语境去推测。之后,学者们在此基础上又通过比较分析甲骨文字形的偏旁点画,并通过音韵学、训诂学的手段来考释文字。其中做出贡献的学者及主要著作有:唐兰《殷墟文字记》《古文字学导论》，杨树达《积微居甲文说》，郭沫若《卜辞通纂考释》《殷契粹编考释》《甲骨文字研究》和于省吾《甲骨文字释林》等。

甲骨文考释需要广泛涉猎中国上古时代的历史文化、典章制度和神话传说，并参照金文、篆书等古文字，老一辈甲骨文专家在这方面都有很深的造诣，经过几代古文字学者的精心考释，总结出了一些甲骨文考释方面的经验和方法。例如，偏旁分析法、因袭比较法、辞例推堪法等，但是还有近 3/4 的字没有考释出来，即便是考释出来的字，对一些字的考释结果也仍然存在争议。甲骨片至今共被发现 15 万片左右，以每片有 5 个字来计算，甲骨字也有 75 万个，单凭记忆是完全不可能的。

随着计算机技术的发展和甲骨文数字化层次的深入，我们认为利用计算机进行甲骨文辅助考释的时机已经成熟，这主要基于以下的考虑：①从研究对象考虑，甲骨文是比较成熟的文字，能完全胜任记录语言的功能，有规律可循；②从研究手段和工具考虑，计算机的大容量和高速度完全可以胜任大范围的检索和运算；③从研究方法上，甲骨文考释采用的方法，如偏旁分析法、因袭比较法、辞例推堪法，利用现代计算机技术完全可以在计算机中模拟实现。

安阳作为甲骨文的发源地，甲骨文研究蔚然成风，安阳师范学院早在 1985 年就成立了殷商甲骨文研讨班，1987 年成立了殷商文化研究所，2001 年成立了董作宾甲骨学研究中心，学校图书馆专门设立了殷商文化研究专柜，藏有所有的甲骨学方面的文献资料。1980 年创建殷商文明研究的专业期刊《殷都学刊》。在此氛围下，安阳师范学院刘永革教授申报了国家自然基金项目——基于甲骨文语料库的计算机辅助考释技术研究（项目编号：60875081），在建立甲骨文语料库的基础上，利用计算机的人工智能技术进行甲骨文辅助考释。近几年，刘永革教授更是带领甲骨文信息处理团队申请了河南省甲骨文信息处理重点实验室、国家教育部重点实验室，同时承担了多项委托课题、国家自然科学基金等课题。本书在建立甲骨文语料库的基础上，考虑用自然语言处理的技术对甲骨卜辞库进行标注，希望借助于计算机技术对甲骨文的考释起到辅助作用。

3.1.2　研究意义

考释甲骨文这一现存最早的古文字，对于研究殷商晚期历史和中国古文化追本溯源都有很重要的现实意义，然而由于考释甲骨文需要有丰富的甲骨文知识，要查阅大量的古文字资料，而这对于一个甲骨文专家来说，是一个极大的挑战，所以甲骨文的考释工作进展缓慢。

随着计算机技术的发展，用计算机来模拟人类去解决问题已经成为现实，其运算速度快、存储容量大的特点使得计算机在各行各业中广泛应用，尤其是在各种科学研究中发挥着越来越重要的作用。

语料库是语言研究和计算机技术相结合的产物，甲骨文语料库是甲骨文研究的一个数字化平台，建立甲骨文语料库的目的就是要综合地运用计算机技术通过语料库来研究甲骨文。与传统的研究相比，用语料库来研究主要有两个优势：一是突破了材料的局限，过去的甲骨文研究重在材料的收集，而计算机超强的存储容量和强大的搜索能力使研究重点转变为对材料的处理及对文字规律的总结；二是突破了个人的因素，穷尽式的搜索保证了语言材料的完整性，能够最大限度地避免由片面的材料得出片面的结论，增强了研究结论的普遍性和科学性，使得甲骨文的考释更加科学。

总之，计算机辅助考释技术在继承传统考释方法的基础上，又超越了传统的古文字考释方法。因此，基于语料库的计算机辅助甲骨文考释技术的研制成功必将对甲骨文考释做出新的贡献，其相关技术也可以应用到其他古文字的研究，有助于计算机语言学相关领域的发展，具有重要的研究意义和很好的实际应用价值。

3.2　自然语言处理综述

3.2.1　自然语言处理概述

自然语言处理（natural language processing，NLP）也称为自然语言理解（natural language understanding，NLU），从人工智能研究的开始，它就成为该学科的主要研究内容——探索人类理解自然语言这一智能行为的基本方法。随着计算机技术尤其是网络技术的迅速发展和普及，自然语言处理研究得到了前所未有的重视和发展，并逐渐发展成为一门独立的学科。

自然语言处理所研究的内容非常广泛，根据不同的应用，可以大致列举以下研究方向。

①机器翻译（machine translation，MT）：实现一种语言到另一种语言的自动翻译。

②信息检索（information retrieval）：信息检索也称为情报检索，就是利用计算机系统从海量文档中找到符合条件的相关文档。

③自动文摘（automatic summarizing 或者 automatic abstracting）：将原文档的主要内容及含义进行自动归纳和提炼，形成摘要或者缩写。

④问答系统（question-answering system）：通过计算机系统对人提出问题的理解，利用自动推理等手段，在有关知识资源中自动求解答案并做出对应的回答。有时问答技术和语音技术及人机交互等技术相结合，构成人机对话系统（human-computer dialogue system）。

⑤文档分类（document categorization/classification）：也称为文本分类（text categorization/classification）或者是信息分类（information categorization/classification），其目的是利用计算机系统对大量的文档按照某种分类标准实现自动归类。例如，根据主题或者内容将图书馆中的藏书按照主题或者内容进行自动分类。

⑥信息过滤（information filtering）：通过计算机系统自动识别和过滤那些满足特定条件的文档信息，一般指网络有害信息的自动识别和过滤，用在信息安全和防护上。

⑦文字识别（optical character recognition，OCR）：通过计算机系统对印刷体或手写体等文字形式进行自动识别，将其转换成计算机可以识别和处理的电子文本。一般来说，文字识别属于汉字图像识别的范畴，但是对于高性能文字识别系统而言，若想得到清晰度跟原片一模一样的文字模型，就需要用到相关的自然语言理解技术了。

⑧文字编辑和自动校对（automatic proofreading）：对文字的拼写、用词，甚至语法、文档格式等进行自动检查、校对和编排等工作，比如说 Word 中的拼写检查等功能。

⑨语言教学（language teaching）：借助计算机辅助教学工具，进行语言教学、操练和辅导等。

⑩语音识别（speech recognition）：将输入计算机中的语音信号识别转换成书面语表示，语音识别又称为自动语音识别（automatic speech recognition）。

⑪说话人识别/认证（speaker recognition/identification）：对一个说话人的言语样本做声学分析，以此来推断出说话人的身份。

⑫文语转换（text-to-speech conversion）：将书面文本自动转换成对应的语音表征，又称为语音合成（speech synthesis）。

以上所举只是一部分应用，实际上，凡是人类能想到的涉及人类语言的任何研究几乎都隐含着计算语言学的知识，在此就不一一列举了。

3.2.2　自然语言处理所涉及的几个层次

自然语言处理涉及的层面有很多，抛开语音学研究的层面，一般来讲，其涉及自然语言的形态学、语法学、语义学和语用学等几个层次。

形态学（morphology）：又称为"词汇形态学"或者"词法"，是语言学的一个分支，主要研究词的内部结构，包括曲折变化和构词法两个部分。因为词具有语音特征、句法特征和语义特征，形态学处于三者结合部位，所以说形态学是每个语言学家都要关注的一门学科。

语法学（syntax）：主要研究句子结构成分之间的相互关系和组成句子序列的规则。其探讨和关注的中心是，为什么在表达同样一个意思的时候，一句话可以这么说，也可以那么说。

语义学（semantics）：这是一门研究意义，特别是语言意义的学科（毛茂臣，1988）。语义学的研究对象是语言的各级单位的意义及语义和语音、语法、修辞、文字、语境、哲学思想、社会环境、个人修养的关系等（陆善采，1993）。它的重点在于弄清符号与符号所代表的对象之间的关系，进而指导人们的语言活动。它主要关注的是这个语言单位到底说了什么。

语用学（pragmatics）：是从使用者的角度去研究语言，尤其是使用者所做的选择、在社会交往中所受到的限制、他们的语言使用对信息传递活动中其他参与者的影响。语用学可以是集中句子层次上的语用研究，也可以是超出句子，对语言的实际使用情况的调查研究，还可以与会话分析、语篇分析相结合，研究在不同上下文中的语句应用，以及上下文对语句理解所产生的影响。它所关注的重点在于为什么在特定的上下文中要说这句话。

在实际应用中，以上几个层次的应用尤其是语义学和语用学的问题往往是交织在一起的。语法结构的研究离不开对词汇形态的分析，句子语义的分析也离不开对词汇的语义、语法结构及语用的分析，他们之间往往是互为前提、互相影响的。

3.2.3　自然语言处理的基本方法及发展

一般认为，自然语言处理有两种基本的研究方法：一种是理性主义（rationalist）研究方法；另一种是经验主义（empiricist）研究方法。

理性主义研究方法认为，人的很大一部分语言知识是与生俱来的，由遗传决定的。由于美国语言学家乔姆斯基（Chomsky）的内在语言官能理论（innate language faculty）被广泛地接受，他认为，很难知道小孩在接收到极为有限的信息量的前提下，在那么小的年龄如何学会了如此之多复杂的语言理解的能力。因此，理性主义方法试图通过假定人的语言能力是与生俱来的一种本能来回避这些困难的问题。理性主义研究方法从 20 世纪 60—80 年代中期开始主宰自然语言处理及语言学和心理学的研究。

在实际的自然语言处理中，理性主义的观点表现为主张建立符号处理系统，通过人工编写知识库和推理系统来创建一个自然语言处理系统，即通常将自然语言用一套符号系统来表达和分析。在自然语言处理系统中，首先由词法分析器按照人编写的词法规则对输入句子的单词进行词法分析；然后语法分析器根据人设计的语法规则对输入句子进行语法结构分析；最后再根据一套变换规则将语法结构映射到语义符号。由于用于自然语言处理的符号系统通常表现为规则的方式，因此，理性主义研究方法在自然语言处理中又常被称为基于规则的方法（rule-based method）。

经验主义研究方法与理性主义研究方法正好相反，它认为人并非与生俱来就有一套有关语言的规则和处理方法，人的知识只是通过感官输入，经过一些简单的处理联想（association）、模式识别（pattern recognition）和通用化（generalization）操作而得到的。在实际的自然语言处理中，一般需要收集一些文本作为统计模型建立的基础，这些文本成为语料（corpus）。通过筛选、加工和标注等处理的大批量语料构成的数据库叫作语料库（corpus base）。经验主义的研究方法通常表现为从大量的实际语言数据中获取语言的知识，因此，经验主义的研究方法在自然语言处理中又常被称为基于语料库的方法（corpus-based method）。经验主义的研究方法从 20 世纪 20—50 年代开始主宰语言学、心理学及自然语言处理的研究，并在 80 年代中期以后重新受到了重视。

理性主义研究方法与经验主义研究方法的区别主要有以下几点：第一，

理性主义主要研究人的语言知识结构，实际的语言数据只是作为这种知识结构的间接证据；而经验主义将实际的语言数据作为直接研究的对象。第二，理性主义通过一系列的语言原则来描述语言，满足这些原则的语句才是合法的；而在经验主义中，语言事件被赋予了概率，并无合法不合法之说，只有常见不常见之分。第三，理性主义通过研究特殊的语言现象来得到关于人的语言能力的认识，而这些语言现象在实际的应用中并不一定很常见；经验主义则偏重于语言语料中实际应用的语言现象的表述。

理性主义方法和经验主义方法各有优缺点，表现在自然语言处理中，可以简单地概括为：理性主义方法表达直观、通俗易懂、概括性好，但一致性和健壮性差；经验主义方法反映比较客观，一致性和健壮性好，但不易理解，并且需要大量的语言数据作为支撑。

由于理性主义方法和经验主义方法可以互相取长补短，所以将理性主义和经验主义相结合成了当前自然语言处理中的一种研究趋势，具体表现为：许多研究开始着重于从大规模语料库中抽取语言知识的规律，然后利用这些规律来指导自然语言处理的过程。

3.2.4　自然语言处理的研究现状

因为自然语言处理涉及太多的领域和分支，而且各分支发展速度和起点都不一样，所以要总结自然语言处理的研究现状比较困难。我们从总体上来说，可以简单地用 4 点来描述自然语言处理所处的现状。

①很多技术已经达到或者说基本上达到了实用程度，并在实际运用中发挥着越来越大的作用，如文字的输入与编辑排版、文字识别、电子词典、语音合成等。

②自然语言处理技术和新的相关技术不断地结合，产生了新的研究方向。例如，与网络技术结合产生的网络内容管理、网络信息监控和过滤等；与语音、图像等技术结合形成的语音自动文摘、基于图像内容和文字说明的图像理解技术研究等。

③尽管很多理论模型如 HMM 等，在自然语言处理研究中扮演着越来越重要的角色，但是仍有许多理论问题还没有得到真正的解决，如指代歧义消解问题、未登录词（unknown word）识别问题等。也有许多理论是处在盲目的探索阶段，如尝试一些新的机器学习方法或者未曾使用的数学模型。总而言

之，由于自然语言处理解决问题的复杂性和多变性，很多理论模型和方法还有待于进一步改进和完善，同时期待着更新更有效的理论模型和方法的出现。

④目前自然语言处理依然存在的难点主要有：a. 词语实体边界界定。自然语言是多轮的，一个句子不能孤立地看，要么有上下文，要么有前后轮对话，而正确划分、界定不同词语实体是正确理解语言的基础。目前的深度学习技术，在建模多轮和上下文的时候，难度远超过了如语音识别、图像识别的一输入一输出的问题。所以语音识别或图像识别做得好的企业，不一定能做好自然语言处理。b. 词义消歧。包括多义词消歧和指代消歧。多义词是自然语言中非常普遍的现象；指代消歧是指正确理解代词所代表的人或事物。例如，在复杂交谈环境中，"他""it"到底指代谁。词义消歧还需要对文本上下文、交谈环境和背景信息等有正确的理解，目前还无法对此进行清晰地建模。c. 个性化识别。自然语言处理要面对个性化问题，自然语言常常会出现模棱两可的句子，而且同样一句话，不同的人使用时可能会有不同的说法和不同的表达。这种个性化、多样化的问题非常难以解决。

如何解决自然语言处理的主要问题，有以下 3 个值得尝试的方向。

第一，上下文的建模需要建立大规模的数据集。例如，多轮对话和上下文理解；数据标注的时候要注意前后文。

第二，强化学习很重要。我们需要根据用户的反馈倒推模型并做参数修正，使模型更加优化。现在强化学习刚开始用在自然语言领域，性能并不稳定，但在未来有很多机会。

第三，要引入常识和专业知识，并把这些知识构建好，这样就能更加精准地回答问题。没有人能够证明现在常识知识用在语言问答和搜索中的作用有多大，所以，我们需要一个测试集来检验结果。这个测试集要专门测试上下文和常识，我们要不停地用新模型（如强化学习或者知识图谱）去试错，来看系统性能能否提升。

3.3 隐马尔可夫模型

3.3.1 隐马尔可夫模型的定义

隐马尔可夫模型（hidden markov model，HMM）是一种用参数表示，用于描述随机过程统计特性的概率模型，是在马尔可夫模型基础上发展起来的。在马尔可夫模型中，每一个状态代表一个可观察的事件，这限制了模型的适用范围。由于实际问题更为复杂，观察到的事件并不是与状态一一对应的，而是状态的随机函数，这样的模型就称为隐马尔可夫模型。它是一个双重随机过程，其中之一是马尔可夫链，这是基本随机过程，它描述状态的转移，该过程是不可观察（隐蔽）的；另一个随机过程是隐蔽的状态转移过程的随机函数，描述状态和观察值之间的统计对应关系。这样，站在观察者的角度，只能看到观察值，不像马尔可夫模型中的观察值和状态一一对应，因此，不能直接看到状态，而是通过一个随机过程（观察值序列）去感知状态的存在及其特性。因而，称为隐马尔可夫模型。

3.3.2　隐马尔可夫模型理论基础

数据平滑的方法如下。

（1）加法平滑

加法平滑是所有平滑办法中最容易也是最简单的一个。在固定的模型中，每一个事件发生的次数是固定的，这种方法就是在这个次数的基础上再增加一个数，这个数的范围在 0~1。

如式（3-1）所示：这个数为 δ，并且 $0<\delta<1$，则：

$$P_{add}(\omega_l \mid \omega_{i-N+1}, \cdots, \omega_{i-1}) = \frac{count(\omega_{i-N+1}, \cdots, \omega_{i-1}, \omega_i) + \delta}{count(\omega_{i-N+1}, \cdots, \omega_{i-1}) + \delta \mid V \mid}。 \qquad (3-1)$$

（2）Good-Turing 估计

在所有平滑办法中，这是核心办法。

对于模型中出现的事件，事件发生的次数是 δ，这模型就假定它发生的次数为 δ^*，则：

$$\delta^* = (\delta + 1) \frac{n_{s+1}}{n_s}, \qquad (3-2)$$

其中，n_s 为模型中的 δ 次事件实际出现的次数。

综上所述，模型发生 δ 事件的条件概率为

$$P_{GT}(a) = \frac{\delta^*}{N}, \qquad (3-3)$$

其中，N 是全部 N 元对的加和总数。

但是又由于 n_δ 并不能等于 0，因此，Gale-Salllpson 又在之后研究出了 n_δ 的平滑的算法来解决这个问题。

虽然 G-T 算法照比先前的有所改进，但是它并不能囊括低阶对高阶模型的差值，所以这个算法不能独立地用作一个平滑算法，只能作为一个辅助性工具。

（3）Jelinek-Mercer 平滑

此平滑算法的原理是模型的低阶部分对高阶部分做线性差值。

对于一个模型的高阶部分，没有足够的信息可以对其做概率的估计，在这个时候，从模型的低阶部分就能得到很多能供我们使用的信息。

Jelinek-Mercer 将这种思想表述了出来，但是并没有给出它的计算方法。而在后来，Brown 对此思想给出了计算式子，如下：

$$p_{Interp}(\omega_i | \omega_{i-N+1}, \cdots, \omega_{i-1}) = \lambda P_{ML}(\omega_i | \omega_{i-N+1}, \cdots, \omega_{i-1}) +$$
$$(1 - \lambda)p_{Interp}(\omega_i | \omega_{i-N+1}, \cdots, \omega_{i-1})。 \quad (3-4)$$

通过上述式子，模型就可以重新定义为 ML 的 N 和 $N-1$ 阶的线性插值。这个算法的初始条件为：

$$P(s) = P(\omega_1)P(\omega_2 | \omega_1)P(\omega_3 | \omega_1, \omega_2), \cdots,$$
$$P(\omega_l | \omega_1, \omega_2, \cdots, \omega_{l-1}) = \prod_{i=1}^{l} P(\omega_i | \omega_1, \omega_2, \cdots, \omega_{i-1})。 \quad (3-5)$$

这个模型采用 ML 的规则来进行运算，而当阶数为 0 时，模型就使用均匀分布，表示如 3-6 所示：

$$P_{0\text{阶}}(\omega_i) = \frac{1}{|V|}。 \quad (3-6)$$

如果 P_{ML} 的值和要平滑的文本是已知的，那么就使用 Baum-Welch 算法来计算 λ 的数值。通过这个算法使得已知文本的大概率的值是最大的。这样，已知文本与训练集就可以分开了。

同时也可以使用 Hold-Out 插值的算法来计算，这个算法并不是像 Baum-Welch 算法一样将这两者区分开，而是在计算 λ 数值的时候可以应用一部分的训练集。

同样也可删除插值这个算法来计算这两个量的值，这个算法使用训练的各个部分交替地计算 P_{ML} 和 λ 的数值，在此基础上对所得的数值求取平均值即可。

3.3.3 隐马尔可夫模型的形式描述

隐马尔可夫模型包括以下的组成部分。

①模型中的状态数目 N，状态集合记为 $S=\{s_1, s_2, \cdots, s_N\}$。

②每一状态可能输出不同的符号数 M，符号集合记为 $K=\{k_1, k_2, \cdots, k_M\}$。

③初始状态概率分布 $\Pi=\{\pi_1, \pi_2, \cdots, \pi_N\}$，其中：

$$\pi_i = \{P(X_i=s_i)\}, \ 1\leqslant i\leqslant N, \ \pi_i\geqslant 0,$$
$$\sum_{i=1}^{N}\pi_i = 1 \tag{3-7}$$

④状态转移概率矩阵 $A=\{a_{ij}\}$，$1\leqslant i\leqslant N$，$1\leqslant j\leqslant N$。其中 $a_{ij}=P(q_t=s_i\mid q_{t-1}=s_i)$，$1\leqslant i\leqslant N$，$1\leqslant j\leqslant N$，$a_{ij}\geqslant 0$。

$$\sum_{j=1}^{N}a_{ij} = 1。 \tag{3-8}$$

⑤符号输出概率矩阵 $B=\{b_{ik}\}$，$1\leqslant i\leqslant N$，$1\leqslant k\leqslant M$。其中 $b_{ik}=P(O_t=v_k\mid q_t=s_i)$，$1\leqslant i\leqslant N$，$1\leqslant k\leqslant M$，$b_{ik}\geqslant 0$。

$$\sum_{k=1}^{N}a_{ik} = 1。 \tag{3-9}$$

这样，可以记一个隐马尔可夫模型为一个五元组：$\lambda=\{S, K, \Pi, A, B\}$，或简写为一个三元组：$\lambda=\{\Pi, A, B\}$。

更形象地说，HMM 可以分为两个部分：一个是马尔可夫链，由 Π、A 描述，产生的输出为状态序列；另一个是一个随机过程，由 B 描述，产生的输出为观察值序列，如图 3-1 所示。T 为观察值时间长度。

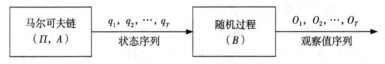

图 3-1　HMM 组成示意

3.3.4 隐马尔可夫模型的 3 个基本问题

在上述给定的模型框架下，要用 HMM 解决实际问题，需要先解决 3 个基本问题，它们是：

①给定一个观察序列 $O=O_1$，O_2，$\cdots$，O_T 和模型 $\lambda=\{\Pi，A，B\}$，如何高效率地计算概率 $P(O\mid\lambda)$，也就是在给定模型 λ 的情况下观察序列 O 的概率。

②给定一个观察序列 $O=O_1$，O_2，$\cdots$，O_T 和模型 $\lambda=\{\Pi，A，B\}$，如何快速地选择在一定意义下"最优"的状态序列 $Q=q_1q_2$，$\cdots$，q_t，使得该状态序列"最好地解释"观察序列。

③给定一个观察序列 $O=O_1$，O_2，$\cdots$，O_T，以及可能的模型空间（不同的模型具有不同的模型参数），如何来估计模型参数，也就是说，如何调节模型 $\lambda=\{\Pi，A，B\}$ 的参数，使得 $P(O\mid\lambda)$ 最大。

对于上面的 3 个问题而言，第 1 个问题是评估问题，可以用于判断最佳模型；第 2 个问题是解码问题，可以用于寻找最有可能生成这个观察序列的状态序列；第 3 个问题是训练问题，可以用于从已有数据中估计模型的参数。

3.3.5 隐马尔可夫模型在分词和词性标注方面的应用

词性标注的任务是计算机通过学习自动地标注出有歧义词的词性。词性标注自然语言处理的基础性课题，广泛应用于机器翻译、自动摘要、文本分类、文本校对和语音识别等。因此，词性标注的方法研究具有重要意义。

现有的词性标注所采用的语言模型主要可以分为基于规则的方法和基于统计的方法。基于规则的方法适应性较差，并且非统计模型的本质使它通常作为一个独立的标注器，而很难被用作更大概率模型的组件部分。基于统计的方法却能弥补此缺点。隐马尔可夫模型是统计模型中应用较广、效果较好的模型之一。

王敏等考虑到一个词后面即下文与该词的依赖关系，提出了新的词汇发射概率估计方法，使得改进后的隐马尔可夫模型更能体现词语的上下文依赖关系。同时提出了指数线性插值模型和未登录词汇发射概率估计模型，解决了数据稀疏问题和未登录词问题。

对词性概率的平滑采用的是文献［6］中的 Bi-Gram 指数线性插值平滑算法，并在词汇发射概率平滑时对该算法稍加改进，如式（3-10）和式（3-11）所示。

(1) 词性转移概率平滑

$$P_s(\mid t_i \mid t_{i+1}) = (1 - \lambda) \frac{N(t_{i-1}, t_i)}{N(t_i)} + \lambda \frac{N(t_i)}{N}, \qquad (3-10)$$

其中，$\lambda = e^{-N(\omega_i, t_i, t_{i+1})}$，$N$ 为训练实例的个数。

(2) 词汇发射概率平滑

$$P_s(\omega_i \mid t_i, t_{i+1}) = (1 - \lambda) \frac{N(\omega_i, t_i, t_{i+1})}{N(t_i)} + \lambda P_s(\omega_i \mid t_i), \quad (3-11)$$

其中，$\lambda = e^{-N(\omega_i, t_i, t_{i+1})}$，$P_s(w_i, t_i)$ 则根据递归的方法对其进行定义即可。

在处理未登录词时，王敏等提出了一种基于隐马尔可夫模型的方法，并对此方法进行了改进。

在文献的理论基础上，提出确定未登录词 x_i 的词性 t_j 问题实质上是确定 x_j 的词汇发射概率 $P(x_j \mid t_j, t_{j+1})$ 的问题。假设有输入句子 $S = w_1, \cdots, w_{j-1}, x_j, w_{j+1}, \cdots, w_n$，其中 S 表示整个句子，w_i 表示单个词，x_j 为未登录词。把 S 加入训练集中，由于加入的只有一个句子，对其他词的发射概率和整个模型的词性转移概率的影响可以忽略不计。改进后的算法是在遵循原算法中 x_j 的词性 t_j 由 w_{j-1} 的词性所决定的基础上，将 w_{j-1} 的词汇发射概率变为 $P(w_{j-1} \mid t_m, t_j)$。则可以得：

$$P(x_j \mid t_j, t_{j+1}) = \frac{P(x_j)}{P(\mid t_j, t_{j+1})} \sum_{m=1}^{M} P(t_m, t_j \mid \omega_i) P(t_j \mid t_m), \quad (3-12)$$

其中，M 表示词性种类总数。对式（3-12）中各概率值采用极大似然估计：

$$P(x_j \mid t_j, t_{j+1}) = \frac{1}{N(t_j, t_{j+1})} \times \sum_{m=1}^{M} \left[\frac{N(\omega_{j-i}, t_{m-1}, t_j)}{N(\omega_{j-1})} \times \frac{N(t_m, t_j)}{N(t_m)} \right], \quad (3-13)$$

则式（3-13）即为所求得未登录词词汇发射概率估计模型。

实验采用的是 26 个词类组成的小标注集，选取 1998 年《人民日报》的部分标注语料作为测试和训练语料，内容涉及政治、经济、文艺、体育、报告文学等多种题材。从中分别抽取了 20 万个、25 万个、30 万个词的语料进行了训练。从训练集中随机抽取 5 万个语料作为封闭测试集，从训练集外随机抽取了 5 万个语料作为开放测试集。采用词性标注的正确率对模型进行评价。实验证明，考虑了词汇下文依赖性的模型能有效地提高标注的性能。

韩霞等提出一种基于词语相似度计算的半监督隐马尔可夫词性标注方法。首先，利用小规模的训练语料进行半监督隐马尔可夫学习，通过反复迭代不断扩充语料，增强隐马尔可夫的标注效果；其次，通过计算词语相似度的方法，给测试语料中每个未登录词都标上候选词性；最后，在隐马尔可夫标注时，不是选取一条最佳路径，而是选取两条最佳路径，通过二次选择，以此得到标注结果。

为了能利用词性丰富的前后向信息，韩霞等进行了双向标注，选出最优的两条路径，之后通过迭代进行规则处理和改进的词性转移概率的计算，使得词性的选择达到收敛状态，这时也得到了一条最优路径。接着利用Word2vec 工具进行词语相似度计算，先根据词典给词典内已有的词语标上词性，这样测试语料中的一部分词语已经标有词性；利用词语向量（以下简称词向量）之间的距离来进行词语相似度计算，词向量之间的距离越小，则词越相似，它们的词性相同的可能性越大，通过计算每个已有词性的词与没有词性的词之间的相似度，得到与每个没有词性的词的最相似的 N 个词，然后将这些词的重复词性作为该词的候选词性。

HMM 标注时，利用维特比算法，采用向前和向后两种方式标注，分别选出最优路径。以一个完整的句子为单位进行评价，如果该句子的前后两种标注结果相同，则认为是可靠的标注，并将该句子添加到训练语料中；反之，只要有一个词的前后向词性不同，则剔除该句子。

进行最后测试语料的标注时，依旧选出两条最佳路径，这两条路径分别是通过 HMM 向前 Viterbi 和向后 Viterbi 选出的词性序列，把两条路径中相同的标注当作可靠标注，不同标注为不可靠部分。

在一个句子里面，如果某不可靠的词性的前后位置都为可靠词性，则对该词再次进行词性转移概率的计算，作为二次 HMM 标注。在这次的词性转移概率计算时，不仅计算前词词性到当前词词性的转移概率，同时计算当前词词性到后词词性的转移概率，把它叫作三元词性转移概率。如式（3-14），t 时刻为当前词，其前后向标注的词性不同，$t-1$ 和 $t+1$ 时刻的词均有可靠词性，分别是其第 i 个词性和第 l 个词性，即 $t-1$ 时刻的词选择的是其第 i 个词性，$t+1$ 时刻的词选择的是其第 l 个词性。

$$P = \max_j(a_{ij} \cdot a_{jl}) 。 \qquad (3-14)$$

利用规则和 HMM 标注进行反复迭代，使得标注趋于稳定。即句子中的词性的可靠性都已稳定，再进行规则也不会有词性由不可靠变为可靠。不可靠的词性均选择向后 Viterbi 选出的词性。

测试语料是采用 2000 年的《人民日报》语料，分词采用 Ni-hao 分词工具，词性标注集共有 85 个词性，表 3-1 给出了实验语料的基本信息。

表 3-1　实验语料信息

语料信息	大小
测试语料大小	2.5 M
测试语料词语个数（含重复词）	239 671
Word2vec 训练语料大小	500 M
词典词个数	38 407
测试语料中未登录词个数	1531
测试语料中词典词个数	20 754

通过实验，可得到以下结论。

①通过谷歌的 Word2vec 工具，利用相似度计算的方法，把已有词性的词跟没有词性的词做相似度计算，并将相似度最大的若干词的重复词性当作未知词的候选词性。这种获取候选词性的方法相比于把所有词性都当成候选词性或者把概率最高的若干个词性当作未登录词的候选词性要更加可靠、有效。

②对测试语料中的每句话都双向计算，选出其中相同的标注作为正确的标注，剩下的再利用规则跟三元词性转移选出最大概率的词性。这样不仅解决了 HMM 单向依赖的问题，而且通过选取两条最佳路径进而二次选择，提高了结果的可靠性。

总之，迭代地扩大训练语料、计算词语相似度及 HMM 二次计算都能有效地提高词性标注的正确率。

袁里驰针对隐马尔可夫（HMM）词性标注模型状态输出独立同分布等与语言实际特性不够协调的假设，对隐马尔可夫模型进行改进，引入马尔可夫族模型。该模型用条件独立性假设取代 HMM 模型的独立性假设。将马尔可夫族模型应用于词性标注，并结合句法分析进行词性标注。用改进的隐马尔可夫模型进行词性标注实验。实验结果证明：在相同的测试条件下，基于马尔可夫族模型的词性标注方法与常规的基于隐马尔可夫模型的词性标注方法相比，大幅提高了标注准确率。在其他许多自然语言处理技术领域中（如分词、句法分析、语音识别等），马尔可夫族模型也非常有用。

魏晓宁等提出一种基于隐马尔可夫模型（HMM）的算法，通过 CHMM（层叠形马尔可夫模型）进行分词，再做分层，这样既增加了分词的准确性，又保证了分词的效率。

本系统的主要设计思想是：先进行原子切分，然后在此基础上进行 N-最短路径粗切分，找出前 N 个最符合的切分结果，生成二元分词表，再生成分词结果，接着进行词性标注，并完成主要分词步骤。

进行原子切分之前，首先要进行断句处理，即根据分隔符、回车换行符等语句的分隔标志，把源字符串分隔成多个稍微简单一点的短句；再进行分词处理；最后把各个分词结合起来，形成最终的分词结果。分成短句之后，即可进行原子分词。接着对每个原子单位进行词性标注。经过原子分词后，源字符串成了一个个独立的最小语素单位。然后进行初次切分，就是把原子之间所有可能的组合都先找出来。算法是用两个循环来实现的，第一层遍历整个原子单位，第二层是找到一个原子时，不断把后面相邻的原子和该原子组合到一起，访问词典库看它能否构成一个有意义的词组。实验结果精度如表 3-2 所示。

表 3-2 分词、词性标注精度

语料领域	分词总数	分词正确率	词性标注正确率
IT	2348	97.01%	86.77%
财经	1524	96.40%	87.47%
法制	2668	98.44%	85.26%
理论	2225	98.12%	87.29%
教育	1765	97.80%	86.25%
总计	10 530	97.58%	87.32%

陈顺强等根据彝文的特性，设计了基于隐马尔可夫模型的彝文自动分词软件并得出了良好的分词结果。其自动分词流程如图 3-2 所示。彝文采用 Unicode 编码，分词要经过以下几个步骤。

①导入原始用于分词的文本。

②对导入文本进行预处理：首先对原始比较粗糙的文本进行表面加工，即把要进行分词的文本先分析成篇章；其次将篇章分析成段落；再次将段落判断为以标点符号为单位的句子；最后将此句子视为一个分词单位，从而进入下一步的分析。

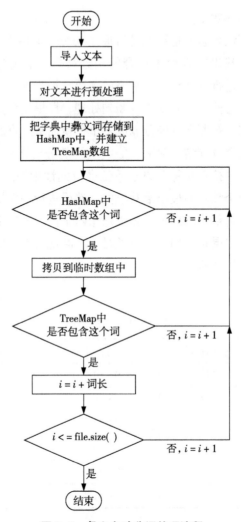

图 3-2 彝文自动分词处理流程

③利用 TreeMap 方法，建立 HashMap 数组。

④系统判断词汇过程，这是系统的关键步骤。首先，判断这些字是否已经存在于 HashMap 数组中，假如已经存在于 HashMap 数组中，则将其送到临时数组中进一步判断。其次，查看 TreeMap 结构中是否有这个词；如果系统判断出 HashMap 数组中没有这个词，则返回到上面的判断中做进一步的匹配，若系统已经判断出这个词已经在 HashMap 数组中，且跟设置的长度相匹配，则得出分词的结果，否则返回继续判断。图 3-3 和图 3-4 是系统

对一段文本分词前及分词后的结果图。

　　未进行分词前的纯文本如图 3-3 所示。

图 3-3　分词前的纯文本

　　分词切分后的文本如图 3-4 所示。

图 3-4　分词切分后的文本

　　本部分介绍了隐马尔可夫模型在词性标注和分词中的几种应用，HMM
作为一个优秀的数学模型，其研究透彻、算法成熟、效率高、效果好、易于
训练，不但在自然语言处理中有广泛的应用，而且已应用在许多其他领域，
如信号处理、图像处理、机器视觉甚至基因工程等学科。

3.4　语料库

　　任何一个信息处理系统都离不开数据和知识库的支持，自然语言处理系
统也不例外。语料库和词汇知识库作为基本的语言数据库和知识库，虽然在

不同方法的自然语言处理系统中所起的作用各不相同，但都共同构成了各种自然语言处理方法赖以实现的基础。从某种程度上讲，语料库建设的好坏，将直接决定着在其基础之上的自然语言处理系统的优劣性。下面将对语料库技术做简要介绍。

3.4.1　语料库的定义

语料库即存放语言材料的数据库，通常指为语言研究收集的、用电子形式保存的语言材料，由自然出现的书面语或口语的样本汇集而成，用来代表特定的语言或语言变体。经过科学选材和标注、具有适当规模的语料库能够反映和记录语言的实际使用情况。人们通过语料库观察和把握语言事实，分析和研究语言系统的规律。语料库已经成为语言学理论研究、应用研究和语言工程不可缺少的基础资源。

语料库有多种类型，确定其类型的主要依据是它的研究目的和用途，这一点经常体现在语料采集的原则和方式上。有人曾经把语料库分成以下四大类型。

①异质的（heterogeneous）：不需要特定的语料收集原则，广泛收集并原样存储各种语料；

②同质的（homogeneous）：只收集同一种内容的语料；

③系统的（systematic）：按照预先确定的原则和比例收集语料，使语料具有平衡性和系统性，能够代表某一范围内的语言事实；

④专用的（specialized）：只收集用于某一种特定用途的语料。

除了这几种之外，按照语料的语种也可以把语料库分成单语的（monolingual）、双语的（bilingual）和多语的（multilingual）。按照语料的采集单位又可以把语料库分为语篇的、语句的、短语的。双语和多语语料库按照语料的组织形式，还可以分为平行（对齐）语料库和比较语料库，前者的语料构成译文关系，多用于双语词典编撰、机器翻译等应用领域，后者将描述同样内容的不同语言文本收集到一起，多用于语言对比研究。

3.4.2　语料库的分类

语料库的类型很多，分类标准也有许多，主要有以下几种分类方法。

①按语料选取的时间划分，语料库可以分为共时语料库和历时语料库。所谓共时语料库是为了对语言进行共时研究而建立的语料库。无论所采集的语料的时间段有多长，只要研究的是一个平面上的元素或者元素的关系，就是共时研究，所建立起来的语料库就是共时语料库。所谓的历时语料库是为了对语言进行历时研究而建立的语料库。由原国家语委建设的国家现代汉语语料库，收录的是1919年至今的现代汉语的代表性语料，是一个典型的历时语料库。根据历时语料库得到的统计结果不像共时语料库那样是一个频次点，而是依据时间轴的等距离抽样得到的若干频次变化形成的演变曲线，即走势图。

②按照语料库的结构划分，语料库可以分为平衡结构语料库和自然随机结构语料库。平衡语料库着重考虑的是语料的代表性和平衡性，它预先设计语料库中语料的类型，定义每种类型语料所占的比例，并按这种比例组成语料库，例如，众所周知的Brown语料库就是一个平衡语料库的典型代表。它的语料按3层分类，且严格设计了每一类语料所占的比例。Brown语料库的结构影响深远，其后不少语料库的结构都受其影响。因为语言的发展是动态的，所以总会有一些词汇会被时代所"淘汰"，也总会有一些新的词语产生，怎么把握语料的平衡性是一个复杂的问题。自然随机结构的语料库按照某个原则随机收集语料，如《圣经》语料库、国际英语语料库、迪根斯著作语料库、英国著名作家作品库、北京大学开发的《人民日报》语料库等。

③按语料库的用途划分，语料库可以分为通用语料库和专用语料库。一般把抽样时仔细从各个方面考虑了平衡问题的平衡语料库称为通用语料库。通用语料库的设计和加工要充分考虑对语料库的各种可能的应用需求，要尽可能地用大多数人都接受的语言理论做指导。专用语料库可以根据某一研究领域的需要来设计语料库，例如，为研究某一领域的专业术语而建的语料库、研究某国儿童语言习得而建的语料库，按照某一种非通用的语言理论标注的语料库都是专用语料库。专用语料库的选材可以只限于某一领域，语料标注原则有时也只是专门为某一特殊的应用而设计的，尽管如此，专用语料库仍然应该是有一定结构、一定规模、有代表性的语料集合，只有这样，它们才能成为语言研究的基础。

④按照语料介质成分划分，语料库还可以分为口语语料库和文本语料库。

⑤按照语料库中语料的语种划分，语料库可以分为单语种语料库和多语

种语料库。

⑥按语料选取程度划分，语料库还可以分为样本语料库和全文语料库。样本语料库从文章中摘录一段文字，作为语料库中的一条样本，记入语料库。全文语料库中的每一个语料都是一篇文章的全文。

⑦按照语料库的动态更新程度划分，语料库还可以分为参考语料库（reference corpus）和监控语料库（monitor corpus）。参考语料库一旦建成，就不再改变其结构和内容，而监控语料库需要不断地更新以反映语言新的变化。监控语料库对于词典编纂者特别有用，Cobuikl 语料库就是一个著名的英国语言监控语料库。

⑧按照是否标注过划分，语料库可以分为生语料和标注语料库。所谓的生语料是指没有经过任何加工处理的原始语料数据（corpora with raw data）。组织者只是简单地把语料收集起来，不加任何标注信息，如 Chinese Giga-word 和 C-STAR 口语语料库等。标注语料库是指经过了加工处理、标注了特定信息的语料库。根据其加工程度的不同，可以细分为分词语料库、分词与词性标注语料库、树库（tree bank）、命题库（proposition bank）、篇章树库（discourse bank）等。因为分词是自然语言处理的一个基础性课题，所以有关专家就建立了汉语分词库和分词与词性标注库，例如，北京大学计算语言学研究所和中国台湾中研院分别建立的汉语分词库等。

3.4.3　语料库的应用

如前所述，语料库的应用很广泛，这里简单从两个比较重要的方面讨论语料库的应用。

（1）语料库在自然语言处理中的应用

语料库与自然语言处理有着相辅相成的关系，并在自然语言处理的许多方而都有着重要的应用。例如，利用语料库来训练 HMM 模型，可进行自动分词、词性标注、词义标注等；还有基于语料库的句法分析、基于语料库的语言模型训练及语言模型的评价、基于语料库的机器翻译、基于语料库的语音识别、基于语料库的机器学习技术等领域都要通过语料库获取语言"知识"。这些知识包括搭配特征、句法规则等。

（2）语料库在语言学研究领域的应用

语料库在语言研究领域也有广泛的应用，它是语言研究现代化的重要基

础之一。利用语料库从事语言研究，可以克服传统语言研究中的许多问题，
例如：

　　①语料的客观性不强；

　　②语料占有量不大；

　　③工作量大，效率不高；

　　④语料的共享性不够。

　　语料库在语言学研究中主要的应用领域有：

　　①词典编纂；

　　②语言统计；

　　③语言监控，包括新词、新用法的发现；

　　④语言教学；

　　⑤语言信息处理；

　　⑥语法、语义、词汇、语音等各种语言问题的研究；

　　⑦方言研究等。

3.4.4　语料库的发展和研究现状

　　国外对于计算机语料库的研究起步比较早，应用力度很深。第一个计算
机语料库是 1961—1964 年在美国布朗大学建立的布朗大学语料库（Brown
University Corpus），储存在计算机内的语料库与书写在卡片上的语料库相比
有许多好处。例如，使用者自己检索起来十分方便，并可轻而易举地对语料
库进行加工，世界各地的学者也可以分享使用这些可由计算机识读的语料。
另外，计算机语料库可储存大量的语料，其速度和存储规模在以前是不敢想
象的。例如，Sinclair 教授领导的"柯林斯—伯明翰大学国际语料库"
（Collins Birmingham University International Language Database，COBUILD）
1980 年计划编辑含 500 万次语料的具有足够代表性的英语库，由于利用了
计算机，至 1996 年 2 月，COBUILD 语料库所含的语料已由原来的 600 万次
扩展到 2 亿次，成为当今世界上最大的英语库之一。随着计算机运算速度的
提高，光学扫描仪和 CD-ROM（光盘只读存储器）等技术的发展和计算机语
料库软件的商品化，据 Leech（1991）估计，2010 年以后语料库的规模已超
过 1 万亿个单词以上。当然，规模的大小并不是语料库唯一的重要因素。

　　到了 20 世纪 80 年代，随着计算机技术的发展和普及，语料语言学的发

展也加快了前进的步伐。许多新的语料库相继建成，对语料的处理也由较为简单的机器可读形式发展到了人工或自动词性附码（tagging）和句法分析（phrasing）的注释（annotated）形式。利用语料库对语言进行研究的成果不断出现，语料库语言学的应用范围也越来越广。从辞典、语法书编纂到对自然语言的研究，语料库语言学正在逐渐引发应用语言学特别是外语教学的一场革命。

Cyc 是斯坦福大学知识系统实验室一个试图对日常生活常识进行汇总，建立综合的本体和数据库的人工智能工程，其目标是使人工智能具有和人类相似的推理能力。这一项目在 1984 年启动，它的知识库包括 6000 多个概念，60 000 个相关实例。其最重要的关系是 isa 和 genls，前者说明的是一个概念，是某一集合的一个实例（某一集合的一个元素在本体中称为实例），后者说明的是某一集合是另外一个集合的子集。

WordNet 是由普林斯顿大学（Princeton University）认知科学实验室（Cognitive Science Laboratory）从 20 世纪 90 年代初开发建立的英语机读词汇知识库，对英语词汇及其关联关系进行描述，是一种传统的词典信息与计算机技术及心理语言学的研究成果有机结合的产物。WordNet 列出每个词汇的不同含义，对于每个含义再列出其同义词。WordNet 还进一步给出词汇的上类词汇、上系词、下位词、同族词、反义词、分面近义词，通过这些词汇的关联关系，WordNet 可按照特定含义和关系来检索某个词汇的关联词汇，也可利用这些关系实现词汇的映射。

FrameNet 是由美国国家科学基金 NSF 支持（NSF-IRI-9618838）开发的一个基于语言库的在线英语词汇资源库，它采用了被称为框架语义（frame semantics）的描述框架，其目的就是通过样本句子的计算机辅助标注和标注结果的自动表格化显示，来验证每个词在每种语义下语义和句法结合的可能性配价（valence）范围。这个工程的首要重点就是，由人以机器可读的（machine-readable）形式来对语义知识进行编码，提供很强的语义分析能力，目前发展为 FrameNet11。

GUM、SENSUS 和 Mikromos 都是面向自然语言处理的。GUM 支持多语种处理，包含基于概念的及独立于各种具体语言的概念组织方式。SENSUS 为机器翻译提供概念结构，包括 7 万多个概念。Mikromos 也支持多语种处理，采用一种语言中立的中间语言 TMR 来表示知识。

在我国，语料库语言学的研究是从 20 世纪 70 年代末 80 年代初兴起的，尤以上海交通大学最为活跃。1982 年年底，上海交大的黄人杰、杨惠中主持完成了含 100 万次的专门用途的英语语料库 JDEST，含 2000 篇（每篇至少 500 字）科技英语文本。该语料库对于不同的类型与语体均有考虑并编码成系。收集的内容涉及 10 个专业，而且使语料库不仅仅局限于英语，而是包含多种语言。语料库语言学发展的初期是以英语作为研究对象的，但是现在已发展到英、法、德、西、意、荷、日、汉语等 20 多个语种。

建立汉语语料库，对中文信息进行自动分析处理和研究到了 20 世纪 80 年代开始成为一个热门课题。1986 年 8 月新加坡举办了中文电脑国际会议（International Conference on Chinese Computing，ICCC）。在这次会议上，来自中国台湾地区台北资讯科学研究所的陈克健研究员发表了题为"汉语的句法分析"的演讲。10 年来，针对这一课题，他领导的研究小组已建立了一个含 9 万词条的汉语词库，实现了一个基于线图（chart）的汉语句法分析器。最近，他们又在互联网（Internet）上公布了一个规模为 200 万字的、已带分词与词性标记的平衡语料库。

我国在汉语语料库的建立和应用方面也取得了很大的成绩。例如，清华大学计算机科学与技术系的孙茂松副教授解决了汉语自动分词技术上的 3 个难题：①人名、地名、译名等未登录词的辨识；②歧义词切分字段的辨识；③词表、统计数据和语言规则等资源的制备。而汉语的句法分析、汉字识别与语音识别的后处理、文一语转换、全文检索、文本校对、汉字简繁转换、词频统计、新词发现和词语搭配研究等应用无不依赖于自动分词的结果。

北京大学计算语言学研究所从 1992 年开始现代汉语语料库的多级加工，历时 10 余载，获得了 1998 年全年《人民日报》的语料标注。该语料库包含 2600 多万汉字，全部语料库均已完成词语切分和词性标注等基本加工工作。

中国台湾"中研院"（Academia Sinica）曾于 20 世纪 90 年代初期开始建立了汉语平衡语料库（sinica corpus）和汉语树库（sinica treebank）。Sinica Corpus 以中国台湾地区计算语言学学会的分词标准为依据，以自然段落为准，全语料库的规模为 520 万词左右（约 789 万个汉字），语料选自1990—1996 年出版的哲学、艺术、科学、生活、社会和文学领域的文本。2003 年又增加了两个附加的汉语语料库：一个是汉英平行语料库，一个是北大计算语言学研究所的现代汉语语料库。Sinica Treebank 的结构框架是基于中心驱动的原则（head-driven principle），即一个句子或短语由中心成分和它的参数或附件构成，中心部分（head）定义短语类和与其他成分之间的关系。

知网（HowNet）是我国机器翻译专家董振东和董强经过10多年的艰苦努力创建的语言知识库，是一个以汉语和英语的词语所代表的概念为描述对象，以揭示概念与概念之间及概念所具有的属性之间的关系为基本内容的常识知识库。知网作为一个知识系统，它要着重反映的是概念的共性和个性，同时知网还着重反映概念之间和概念的属性之间的各种关系。知网的另一个重要特点是，对于类似于同义、反义、对义等种种关系借助于"同义、反义以及对义组的形成"，由用户自行建立的而不是逐一地、显性地标注在各个概念之上。

综上所述，纵观国内外的研究状况，可以发现：迄今为止，国外的理论研究日趋成熟，理论体系正在逐步完善，而国内的研究水平虽然起步较晚，但是已经有了飞快发展。

3.4.5 甲骨文语料库

语料库语言学研究的内容十分广泛，涉及语料库的建设和利用等多个方面，归纳起来，可以大致包括以下几个方面的内容：①语料库的建设与编纂；②语料库的加工和管理；③语料库的应用，包括在语言学研究（言语、词汇和语义研究等）中的应用和在自然语言处理中的应用。

3.4.5.1 甲骨文语料库的建设

甲骨文语料库是在甲骨文原始语言材料的基础上，围绕考释甲骨文的目的，经过语言学的加工、分析而形成的甲骨文材料的仓库。它是我们研究的基础，甲骨文语料库的建设包括3个方面内容：语料库的内容、语料收集和语料的加工。

（1）语料库的内容

根据甲骨文考释的目的，甲骨文语料库包括3个子库：字形数据库、辞例库、字图数据库。字形数据库建立在大规模甲骨文字库的基础上，是对每个甲骨文字结构和词性的详细标注，包括由哪几个部首组成，以及他们的位置关系；是名词还是动词，以及和现代汉字的对应关系。辞例库保存了目前正式出版发行的所有甲骨片上记载的原始材料，包括原文、释文及所属类别，如军事、农业、天文、气象等。字图数据库保存了所有甲骨文字的原始图形，包括各种异形体。本项目采用的是辞例库。

（2）语料的收集

语料的收集包括以下内容：①获得语料的途径。甲骨文原始材料取自于正式出版的甲骨文著录，如《甲骨文合集》《英国所藏甲骨》等，通过扫描输入计算机。②语料的数据格式。采用通用的数据格式。例如，图片采用JPG 格式，辞例采用文本格式和关系数据库方式来组织。③语料的质量保证。由于语料取自甲骨文拓片，所以可以保证语料的真实性和科学性。④语料的扩展型。由于甲骨文是一种现在不再使用的古文字，所以甲骨文语料库具有穷尽性，理论上可以包含已经发现的所有语料。

（3）语料的加工

语料的加工就是根据应用目的对已经进入计算机的语料进行进一步的标注，具体内容包括：①加工层次。尽管原始语料本身可以反映语言使用的许多特征，但是要进行更为深入的语言研究，就需要对语料进行不同层次的标注，以达到把语料中隐藏的信息显现出来的目的，如词性标注、词义标注、句法标注等。②编码（语法）体系。甲骨文语料库的文本标记采用 XML 进行标注，以便于资源共享和知识管理。③加工方式。具体加工过程可以采用人工和加工工具辅助两种方式。

3.4.5.2　甲骨文语料库的建设路线

科学考释甲骨文的前提是全面占有目前能够收集到的所有的甲骨材料，收集整理加工甲骨材料的过程就是甲骨文语料库的建设过程，语料库的建设是计算语言学的重要内容，得到了广泛重视。我们将采用软件工程的思想建立甲骨文语料库，该过程如图 3-5 所示，分为 6 个阶段。

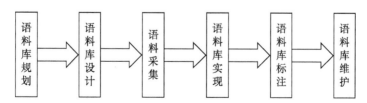

图 3-5　语料库建设过程

在语料库建设完成的基础上，我们将对语料库进行结构化、语义化的标注工作，这是连接语料库建设和下一阶段工作的一个关键点。

基于以上分析，具体技术路线如下。

（1）语料库规划和设计

总体设计目标是：语料库将提供甲骨文的字、图和文 3 个方面的信息，并通过对这些语料库信息进行结构化、语义化的标注来辅助考释。

（2）语料采集及语料库实现

此阶段的工作已经基本完成，在此过程中，我们收集整理了《甲骨文合集》（13 册）、《小屯南地甲骨》（上册第一、第二分册）、《英国所藏甲骨集》上编（上下册）、《东京大学东洋文化研究所藏甲骨文字》、《怀特氏收藏甲骨文集》、《天理大学附属参考馆甲骨文字》、《苏、德、美、日所藏甲骨》、《甲骨文合集补编》、《花园庄东地》、《瑞典斯德哥尔摩》共 9 种材料 72 264 片的甲骨文原始语料，这些材料已经全部数字化并进入了计算机，他们将组成甲骨文语料库的辞例库。

最终构建的数字化语料库的规模是 3 万余个甲骨字、7 万余条甲骨文辞例、3 万余张甲骨字图。

3.4.5.3　甲骨文语料库的标注

前面已经讨论过，在语料库建设中，语料库的标注质量及标注深度直接影响到可从语料库中发掘的信息的丰富性、准确性，并且决定了语料库的可利用性和利用价值。

很显然，语料标注是整个甲骨文语料库建设工作的重点。标注质量的好坏将直接影响着后续工作的开展，因此，本书在标注阶段非常重视，从标注内容和标注方式上都进行了精心设计。

从标注内容上，将进行多种标注：字形、字义、一字多形信息、文字所在甲骨片号、甲骨片上包含的卜辞原文及释文上下文〔已考释甲骨文字还包括对齐金文（小篆）字、对齐现代汉字的标注〕。

从标注方式上，采用机器自动标注和人工标注相结合的方式，先进行人工标注，经过机器学习之后，实现机器自动标注。人工标注部分需要由具有甲骨文专业知识的专家来做。因此，计划开发用户界面友好的人工标注辅助系统，提供给领域专家进行相关辅助标注。

3.4.5.4　甲骨文语料库的应用

在得到标注完善的语料库基础之上，我们可以做一些研究。例如，开发一些系统，利用查询功能使得甲骨文专家更快更好更准确地获取所需的资料；利用自然语言处理的相关技术对熟语料进行学习，得到相关模型，然后利用模型对生语料进行标注，得出分析的效率；利用数据挖掘或者信息提取等知识进行有用知识的获取等。

3.5　基于隐马尔可夫模型的甲骨卜辞词性标注

3.5.1　系统设计

本书利用计算机技术在 Visual C++6.0 环境下开发设计的一个甲骨文分词系统，实现了甲骨卜辞的分词、词性标注、查询、数据输出和存储等功能，为甲骨文考释专家提供甲骨卜辞的相关信息，为更快更好地考释甲骨文提供服务。系统功能在全部统一实现的基础上，采用功能集合的组织方式应用于不同的用户角色，不同的角色根据不同的权限使用不同的功能集合，通过权限设置来完成功能集合的组织，这种设计的目的便于根据实际情况调整用户的功能权限。系统功能按角色划分如下。

①系统管理员：主要使用系统的用户管理、数据备份与恢复等功能。

②科研工作者：直接使用的主要系统功能有基础数据管理、相关信息查询、分词和词性标注等。

经过功能划分，得到系统用例图如图 3-6 所示。

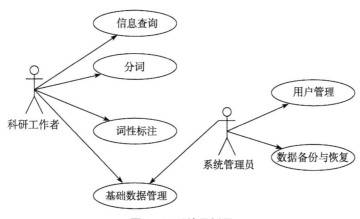

图 3-6　系统用例图

根据对甲骨文考释流程的分析、甲骨文考释专家的实际需求及建立的系统分析模型，设计出系统的具体功能模块。

①查询模块：实现对甲骨词和甲骨片的查询功能；

②分词模块：实现人工分词和自动分词的功能；

③词性标注模块：实现人工词性标注和自动词性标注的功能；

④基础数据管理模块：完成对词性标记符号等相关辅助数据管理的功能；

⑤用户管理模块：完成用户账号信息的管理、用户权限的分配；

⑥数据备份和恢复模块：完成重要数据库数据的备份和恢复。

结合系统的功能需求设计出了数据库的结构，系统的主要数据库表包括用户权限表 quanxian、用户表 yonghu、词性标记符号表 cixingbiaoji、卜辞库表 buciku、分词表 fenci、词性标注表 cixingbiaozhu、甲骨词表 jiaguci、多词性表 duocixing 等。

表 3-3 至表 3-6 分别给出了词性标记符号表（存储进行词性标注时所用符号及含义）、分词表（存储分词之后的相关信息）、词性标注表（存储词性标注后的相关信息）及甲骨词表（存储甲骨文中词的相关信息，包括名词、动词、形容词等）。

表 3-3　词性标记符号

序号	字段名	类型	说明	键
1	bj_bh	CHAR	标记编号	主键
2	bj_mc	CHAR	标记名称	
3	bj_fh	CHAR	标记所用符号	
4	bz	TEXT	备注	

表 3-4　分词表

序号	字段名	类型	说明	键
1	nb	CHAR	甲骨片编号	主键
2	fc	VARCHAR	分词结果	
3	bz	TEXT	备注	

表3-5　词性标注

序号	字段名	类型	说明	键
1	nb	CHAR	甲骨片编号	主键
2	cxbz	VARCHAR	词性标注结果	
3	bz	TEXT	备注	

表3-6　甲骨词

序号	字段名	类型	说明	键
1	number	CHAR	甲骨词编号	主键
2	jgz	CHAR	甲骨字	
3	jtz	CHAR	简体字	
4	cl	VARCHAR	词类	
5	zl	VARCHAR	子类	
6	jl	VARCHAR	兼类	
7	ytz	VARCHAR	异体字	
8	yx	VARCHAR	义项	
9	yyl	VARCHAR	语义类	
10	pjs	TINYINT	配价数	
11	zt	VARCHAR	主体的语义类名称	
12	dx	VARCHAR	所关涉对象的语义类名称	
13	bz	TEXT	备注	

3.5.2　查询功能的实现

查询功能是辅助考释系统的最简单的功能之一，查询的功能分为两个：一个是按照甲骨片的编号来查询，可以得出该片上的原文和释文对照；另一个是按照甲骨字来查询，可以得出所有包含该甲骨字的片号，然后点击该片号，就能得出该片的原文和释文对照。

具体实现方法是给界面上的命令按钮编写单击事件函数，按照所选择的查询方式，利用 Select 语句从后台数据库中查询，将查询结果显示在界面右边的文本框中。

在按照编号进行查询的界面中，在编号后面的文本框中输入想查询的甲骨片的编号，点击查询，即可在原文对应的编辑框中得到该片甲骨上所有的原文；在释文对应的编辑框中得到该片甲骨上原文所对应的释文。按照编号进行查询的界面如图 3-7 所示。

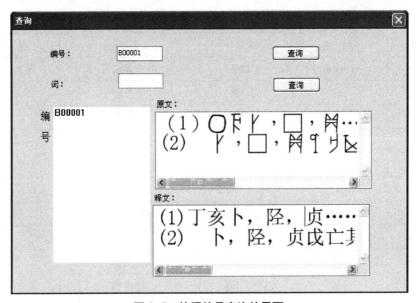

图 3-7　按照编号查询的界面

其关键代码为：

```
void 查询::OnBnClickedButton1()
{
    // TODO:在此添加控件通知处理程序代码
    UpdateData(TRUE);
    CPData ado;
    for(int i=0;Plist1->GetCount();i++)
    Plist1->DeleteString(0);
    ado.Connect(_T(""),_T(""),_T(""),-1,_T("Provider=Microsoft.Jet.
OLEDB.4.0;Data Source=甲骨字信息.mdb"));
    CString sql=_T("select sw,yw from qsj where nb='")+m_bhStr+_T("'");
```

```
ado.Select(sql);
_RecordsetPtr recorderset;
recorderset = ado.GetResult();
m_sw = (LPCTSTR)(_bstr_t)recorderset->GetCollect("sw");
m_ywStr = (LPCTSTR)(_bstr_t)recorderset->GetCollect("yw");
Plist1->AddString(m_bhStr);
UpdateData(FALSE);
}
```

在按照甲骨字进行查询的界面中，在词后面的文本框中输入甲骨词，点击查询，即可在左边的列表框中将所有包含该词的甲骨片的编号——列举出来。点击某个编号，即可在原文对应的编辑框中得到该片甲骨上所有的原文；在释文对应的编辑框中得到该片甲骨上原文所对应的释文。按照甲骨字进行查询的界面如图3-8所示。

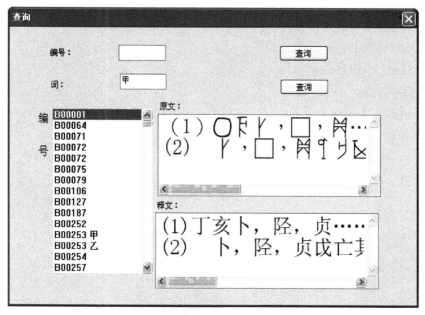

图3-8　按照词进行查询的界面

其关键代码为：

```
void 查询::OnBnClickedButton2()
{
```

```
// TODO:在此添加控件通知处理程序代码
UpdateData( TRUE) ;
CPData ado ;
ado.Connect( _T( ""), _T( ""), _T( ""), -1, _T( "Provider = Microsoft. Jet.
OLEDB.4. 0 ; Data Source = 新词表.mdb") ) ;
CString sql = _T( "select  * from 新词表 where jtz ="'") +m_cStr+_T( "'") ;
ado.Select( sql) ;
_RecordsetPtr recorderset ;
recorderset = ado.GetResult( ) ;
//m_sw = ( LPCTSTR) ( _bstr_t) recorderset->GetCollect( "sw") ;
CString bh_Set = ( LPCTSTR) ( _bstr_t) recorderset->GetCollect( "bh_set") ;
CString ss ;
int len = bh_Set.GetLength( ) ;
int ll = 0 ;
int index = bh_Set.Find( _T( "/"), ll+1) ;
ss = bh_Set.Mid( ll, index-ll) ;
Plist1->AddString( ss) ;
ll+ = index ;
while( ll! = len)
{
    index = bh_Set.Find( _T( "/"), ll+1) ;
    if( index = = -1)
    {
        break ;
    }
    ss = bh_Set.Mid( ll+1, index-ll-1) ;
    Plist1->AddString( ss) ;
    ll = index ;
}
Plist1->AddString( bh_Set.Right( len-ll-1) ) ;
//UpdateData( FALSE) ;
}
```

3.5.3 分词的实现

中文自动分词是中文信息处理技术中最基础、最关键的一个环节。所谓分词，就是把一个句子中的词汇按照使用时的意义切分出来，即在词与词之间加上空格或者其他边界标记。在英语中单词与单词之间有显式的分隔符，而在中文里面，只有段与段之间、句子与句子之间有明显分隔，而单词之间不存在这种分界符。虽然英语中也有短语分割的问题，但很明显中文词汇的分割要复杂困难得多。对于本系统而言，在分词中相对来说比较简单，因为在甲骨文这一古老的文字体系中，多字词出现得比较少，大部分情况下都是单字词，所以这有利于分词的实现。

3.5.3.1 分词方法的介绍

因为分词是自然语言处理的基础，所以有关汉语自动分词的研究由来已久，迄今已有 20 多年的历史，出现了很多各具特色的方法。主要有以下几种：正向最大匹配法、反向最大匹配法、设立切分标志法、逐词遍历法、最佳匹配法、有穷多层次列举法、二次扫描法、邻接约束方法、神经网络方法等。目前许多基于统计的方法被引入分词过程中，无督导的不依赖词典的分词方法也越来越流行，这里不再一一列举。归纳起来不外乎两类：一类是无督导的方法；另一类是基于人工词典的督导的方法。本书对近年来中文分词技术中比较流行的算法列举几种。

（1）基于词典的分词方法

这种方法又叫机械分词方法，它是按照一定的策略将待分析的汉字串与一个"充分大的"机器词典中的词进行匹配查询，若在词典中找到某个字符串，则匹配成功（即识别出一个词）。按照扫描方向的不同，基于词典的分词方法可以分为正向匹配和逆向匹配；按照不同长度优先匹配的情况，可以分为最大匹配和最小匹配；按照是否与词性标注过程相结合，又可以分为分词方法和分词与词性标注相结合的一体化方法。最基本的机械匹配算法之一是正向最大匹配算法，它的基本思想是：

①对于待切分的句子，从左往右取不超过词典最大长度的汉字作为匹配字符串；

②查询词典并对该字符串进行匹配，若能匹配，则将这个匹配字符串作

为一个词切分出来；

③若不能匹配，则将这个匹配字符串的最后一个字去掉，剩下的字符串作为新的匹配字符串，再次进行匹配；

④循环进行，直到匹配字符串字数为零为止；

⑤重复正向最大匹配过程，直到切分出所有词为止。

逆向最大匹配算法原理类似于正向最大匹配算法，它的具体原理是：

①对于待切分的句子，从后往前取不超过词典最大长度的汉字作为匹配字符串；

②查询词典并对该字符串进行匹配，若能匹配，则将这个匹配字符串作为一个词切分出来；

③若不能匹配，则将这个匹配字段的最前一个字去掉，剩下的字符串作为新的匹配字符串，再次进行匹配；

④循环进行，直到匹配字段字数为零为止；

⑤重复逆向最大匹配过程，直到切分出所有词为止。

正向最大匹配算法和逆向最大匹配算法的区别在于正向最大匹配算法是从前往后依次取匹配字符串，而逆向最大匹配算法则是从后往前依次取匹配字符串；二者的匹配方法相同，但方向不同。

机械匹配算法简洁，易于实现，在实际工程中应用较为广泛。但由于自然语言的复杂性，分词时易出现分词歧义，大致分为交集型歧义和组合型歧义，该类分词算法在处理分词歧义问题时效果不好，影响分词的精度，并且难以实现词典的自动扩充，单纯采用机械匹配进行分词难以满足信息处理中对中文分词的需要。因此，在机械分词的基础上利用各种语言信息进行歧义校正，是削弱机械切分局限性的一种重要手段。目前，比较实用的自动分词系统基本上都是以采用机械分词为主，辅以少量的词法、语法和语义信息的分词系统。

（2）基于理解的分词方法

通常的分词系统，都是试图在分词阶段消除所有的歧义切分现象。而基于理解的分词方法则是在其后续过程来处理这些问题，基于理解的分词方法主要是通过让计算机模拟人对句子的理解，达到识别词的效果。其分词过程只是整个语言理解过程的一小部分。其基本思想就是在分词的同时进行句法、语义分析，利用句法信息和语义信息来处理歧义现象。它通常包括3个部分：分词子系统、句法语义子系统及总控部分。

在总控部分的协调下，分词子系统可以获得有关词、句子等的句法和语义信息来对分词歧义进行判断，得出它认为正确的切分方案。基于理解的分词算法的优点在于，它可以由实例中进行自动推理和证明，自动完成对未登录词的补充，但是这种分词方法需要使用大量的语言知识和信息。由于汉语语言知识的笼统、复杂性，难以将各种语言信息组织成机器可以直接读取的形式，因此，目前基于理解的分词系统还处在试验阶段。

（3）基于统计的分词方法

基于统计的分词方法是对语料中相邻共同出现的各个字的组合的频率进行统计，计算它们相邻共同出现的概率，从而判定相邻字是否可以成词。从形式上来看，词是稳定的字的组合，因此，在上下文中，如果相邻的字同时出现的次数很多，那么它们就有很大可能构成一个词。因此，字与字相邻共现的概率可以较好地反映成词的可信度。较为常见的算法是互信息的概率统计算法、基于组合度算法、N-Gram 模型算法等。

在互信息的概率统计算法中，事件互信息（mutual information）是信息论里一种有用的信息度量，它是指两个事件集合之间的相关性。互信息的概率统计算法的主要思想：对于字符 a 和字符 b，利用互信息公式计算出他们的互信息值 $MI(a, b)$。通过互信息值 $MI(a, b)$ 的大小来判断字符 a 和字符 b 之间的结合程度。

基于组合度算法的主要思想：因为汉语的词语都是由多个字符组合而成，所以在一篇文章中，如果汉字 B 紧跟在汉字 A 的后面，我们就称 AB 为一个组合。运用组合度的计算公式，计算出每个词组的组合度，组合度越高，说明它是词组的可能性越大；组合度越低，说明它是词组的可能性越小。

N-Gram 模型算法的主要思想：一个单词的出现是与其上下文环境中出现的单词序列密切相关的，第 n 个词的出现只与前面 $n-1$ 个词相关，而与其他任何词都不相关。N 元模型就是假设当前词的出现概率只与其前面的 $N-1$ 个词有关而得出的。

实际应用的统计分词系统都要使用一部基本的分词词典进行串匹配分词，与字符串匹配分词方法不同的是，统计分词方法分出的词都是带有概率信息的，最后通过在所有可能的切分结果中选出一种概率最大的分词结果，这种方法具有自动消除歧义的优点。

3.5.3.2 分词的难点

自动分词要解决的问题是如何将词与词利用空格或者其他标记分隔开，其主要困难归纳起来主要分为 3 个方面：分词规范、歧义切分和未登录词识别。

词这个概念是很难下定义的，"词是什么"（词的抽象定义）和"什么是词"（词的具体界定）这两个问题至今没有一个公认的具有权威性的定义。另外，对于汉语"词"的认识，说话人的语感标准和语言学家的标准也有比较大的区别。刘开瑛领导的研究组曾经组织过一个调查，将一片 300 字的短文，请 258 名文理科大学生手工切分，对于 45 个汉语双音节和三音节结构的词语，切分的结果与专家给出的答案相同的部分很少。

歧义切分在汉语文本中普遍存在，是汉语自动分词中的一个不可避免的问题。梁南元最早对歧义字段进行了比较系统的考察，将切分歧义类型划分成以下两类：交集型切分和组合型切分。例如，"结合成"就是交集型切分歧义，"合"是交集，"结合"和"合成"都是正确划分。又如，"才能"，"才"和"能"和"才能"都为词，引起组合型切分歧义。

未登录词主要分为两大类：一类是新出现的普通词汇或者是专业术语，如禽流感等；另一类是专有名词，如人名、地名、机构名等。未登录词在真实文本中是大量存在的，其对分词精度的影响超过了歧义切分。未登录词识别方面的困难在于很多未登录词都是由普通词构成的，长度不固定，也没有明显的边界标志词；而且专有名词的首词和尾词很可能与上下文中的其他字构成交集型歧义切分。例如，说"林徽因此时已经离开那里"中的"林徽因"。

3.5.3.3 分词方法的选用

由于甲骨文是中国最早的古汉字，当时其知识体系相对来说还不完善，字与字之间的结合程度还不是特别紧密，即在甲骨文卜辞中大多数都是单字词，而多字词出现的概率是比较小的，只有当表示时间、天干地支等知识时才用到了多字词，所以分词难度相对来说较小。

由于之前我们建立了甲骨卜辞库及甲骨文词库，将目前所发现的大部分甲骨片经过扫描及图像识别等技术获取得到了大量的卜辞信息，输入甲骨卜辞库中。同时对于甲骨原片上的卜辞，甲骨文专家利用专业知识对其进行了加工，即对里面的原文卜辞逐字进行了注释，得到对应的相对正确的释文。根据大量甲骨文研究者的论文、书籍等资料，将所涉及的甲骨文词及对应的词性和词义都录入甲骨文词库中。所以说，得到的是一个完整的科学的专业的人工词典，这有利于对甲骨卜辞进行分词。

本书选择了基于词典和基于统计相结合的分词方法，即先根据词典对甲骨卜辞粗切分，将切分的结果与专家人工切分的结果进行比较，对于出现歧义的部分，再统计出来每种多字词出现的概率，按照组合在一起的词出现概率的大小来决定选择对应的切分序列，以此来逐步地提高分词精度。对于专家切分出来的词如果在词典中未登录，则统计出其出现概率后将其补录到词典中。

例如：

"己卯卜，允，贞：令多子族从犬侯寇周叶王事?"

经过分词后的结果为：

"己卯/ 卜，/ 允，/ 贞：/ 令/ 多子族/ 暨/ 犬侯/ 寇/ 周/ 叶王事? / "

对应的辞意为：

己卯日占卜，贞人允问卦，贞问："命令多子族军暨犬侯的军队攻打周方以勤王事吗?"

3.5.3.4　分词界面

分词界面共有两个：一个是人工分词；另一个是自动分词。在人工分词界面中，支持甲骨文专家进行人工分词，得到对应的分词语料库。在自动分词界面中，利用自动分词技术，将输入的或者从库里通过编号提取的甲骨卜辞进行自动切分。

在人工分词界面中，左边的列表框中将所有的甲骨片编号一一列举出来，甲骨文专家在使用时，点击左边的编号，在上边的编辑框中就出现该片上的释文，点击分词预处理，就可以将该释文部分复制到下面的编辑框中，然后就可以根据甲骨文知识对其分词，分词的方法即为在词与词之间加上一个分隔符。在这里，采用常用的操作方法即在词与词之间加上"/"。分词过程中，可以上下对比。分词完毕后，点击保存按钮，即可将人工分词的结果保存到后台数据库中。人工分词界面如图 3-9 所示。

在自动分词界面中，左边的列表框中将所有的甲骨片编号一一列举出来，点击编号，右上方的编辑框中会显示其对应的释文。然后点击自动分词，即可在右下方的编辑框中得到自动分词的结果。上下可以对比查看，最

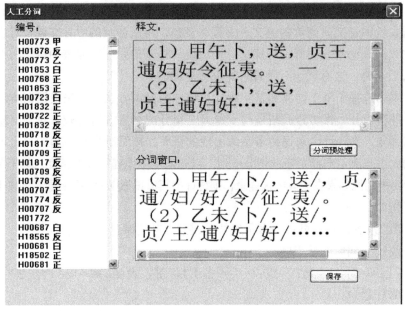

图 3-9 人工分词界面

后点击保存，即可将自动分词的结果保存起来，方便进行性能测试。也可以在右上方的编辑框中手动输入卜辞，然后进行自动分词。自动分词界面如图 3-10 所示。

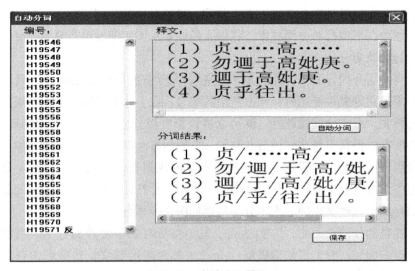

图 3-10 自动分词界面

3.5.4　词性标注的实现

　　词性标注是实现自然语言处理目标——分析和理解语言——的一项基础性课题，其任务是为待标注文本中的每一个词都打上一个合适的标记，使得我们能够对文中的每个词是名词、动词、形容词或其他词性一目了然。词性标注是自然语言处理中一项十分重要的基础性工作。在本系统中，要想实现计算机对甲骨卜辞进行一定的理解，对甲骨文考释提出辅助意见，也要对甲骨卜辞进行词性标注。甲骨文的兼类现象远不如现代汉语复杂，甲骨文是"词有定类，类有定词"，但还是存在一定数量的兼类词。甲骨文主要有 3 种兼类情况：兼名词、动词的最多，兼动词、形容词和兼名词、动词、形容词的情况属于极少数。

　　（1）词性标注方法的介绍

　　词性标注系统的实现及其效果优劣依赖于词性标注的理论和方法。归纳起来，目前的词性标注系统一般采用的方法主要有以下几种类型。

　　基于规则的方法是指利用大量的语言学家制定的规则，对文本进行标注。该方法不易保证规则的完备性和在真实文本处理中的有效性。20 世纪90 年代以来，产生了一种新的基于规则的词性标注方法，使用基于转换的错误驱动方法进行标注处理，它能获得较高的正确率。尽管语言学方法能取得较好的消歧效果，但是要获得一个真正好的模型需要付出大量人力，这不但非常耗时，而且也不易保证规则的完备性和在真实语料处理中的有效性。

　　20 世纪 80 年代初，随着经验主义方法在计算语言学中的重新崛起，统计方法在词性标注中占据了主导地位，是目前最为常用的一种方法。对于给定的输入词串，基于统计的方法先确定其所有可能的词性串，然后选择出现概率最高的词性串作为最佳输出。

　　常见的方法有基于频度的方法、基于 N 元模型的方法和基于隐马尔可夫模型（HMM）的方法。其中，HMM 结合维特比（Viterbi）算法的词性标注方法也较为常见与成熟。近年来，决策树、最大熵模型等方法也用在了词性标注上，且取得了较为不错的效果。

　　除以上两种方法外，国内还有人提出先规则后统计的规则和统计相结合的标注算法。这种方法结合统计和规则两种方法的优势，弥补对方的缺点，能够有效地进行词性标注。例如，北京大学计算语言学研究所提出了一种先规则、后统计的规则和统计相结合的标注算法，其准确率达到了 96.6%。

（2）词性标注的难点

词性标注是自然语言处理中重要的一项基础工作，跟分词类似，同样面临着许多问题，可大致归纳为 3 个方面。

①汉语是一种缺乏词语言形态的语言，词的类别不能像印欧语那样，直接从词的形态变化上来判别。

②常用词兼类现象严重。据张虎等在 2004 年对北京大学计算语言学研究所在网上公布的 200 万字汉语语料进行的统计，兼类词占 11%，但兼类词的词次却占到了 47%。因此，兼类现象虽然说只占汉语词汇很小的一部分，但由于兼类使用频率高，现象纷繁，覆盖面广，所以造成词性标注任务量大，面广，复杂多样。

③研究者主观原因造成的困难。因为语言学界在词性划分的目的、标准等问题上还没有统一，词类划分标准和标记符号集的差异，以及分词规范的含混性等都给自然语言处理带来了极大困难。

（3）词性标注方法的选择

本书提到的甲骨片的卜辞库，里面按照甲骨片编号对每篇中的甲骨卜辞进行了提取，并对其进行了加工，得到了对应的释文。同时根据大量甲骨专家的考证，对目前已识的甲骨字进行了统计，包括其可能出现的词性及词义等相关信息都录入了数据库中。可以说已成为一个专业的知识库。请甲骨文专家对其中的卜辞库进行人工词性标注后，对其进行机器学习，通过基于统计的方法，对出现的兼类词统计出来它是某种词性时和前后词同时出现的概率，据此来选择合适的词性标注序列。这里采用 HMM 结合维特比算法进行词性标注。

用 HMM 对词性标注的任务建模就是寻找一个隐藏在幕后的词性标注序列 $T = t_1 t_2, \cdots, t_n$，使得它对于可见的词序列 $W = w_1 w_2, \cdots, w_n$ 是最优的。即已知词序列 W（观测序列）和模型 λ 的情况下，求使得条件概率 $P(T \mid W, \lambda)$ 值最大的那个 T^*，一般记作：$T^* = \underset{T}{\operatorname{argmax}} P(T \mid W, \lambda)$。

如果假设词性序列是一个马尔可夫链，这个马尔可夫链在每次进行状态转移时都产生一个单词，具体产生哪个单词由其所处的状态决定。这样，可以很容易把词性标注和上述的隐马尔可夫模型联系起来。词性序列 $T = t_1 t_2, \cdots, t_n$ 对应于模型的状态序列，而标注集对应于状态集，词性之间的转移对应于模型的状态转移。

标记集的设计就是词分类。具体借鉴现代汉语的词性分类标注，设计甲骨文的标记集。依据词性的大类分为 9 类：名词类（N）、动词类（V）、形容词类（ADJ）、数词（NUM）、代词（PRON）、介词（PREP）、副词（ADV）、连词（CONJ）、语气词（INT）。

例如：

"己卯/卜，/允，/贞：/令/多子族/暨/犬侯/寇/周/叶王事？/"

经过词性标注后的结果为：

"己卯/N 卜，/V 允，/N 贞：/V 令/V 多子族/N 暨/CONJ 犬侯/N 寇/V 周/N 叶王事？/V"

（4）词性标注的界面

词性标注界面共有两个：一个是人工标注；另一个是自动标注。在人工标注界面中，支持甲骨文专家利用所学知识对每个切分好的词进行人工词性标注，得到标注过的词性标注语料库。在自动词性标注界面中，利用基于统计的词性标注技术，从标注过的语料库中进行学习人工词性标注的方法，建立对应的模型，将输入的或者从库里通过编号提取的甲骨卜辞进行自动地词性标注。

人工词性标注界面如图 3-11 所示。在人工词性标注界面中，编号下面

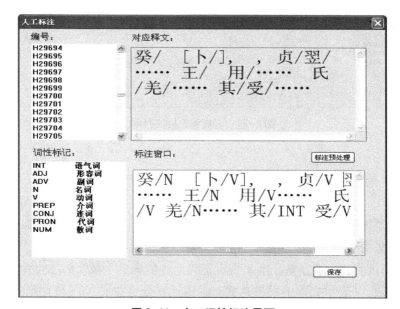

图 3-11 人工词性标注界面

的列表框中将所有的甲骨片编号一一列举出来，点击即可在对应释文下面的编辑框中显示对应的释文，点击标注预处理，将对应释文中的卜辞复制到下面的标注窗口中，点击左边词性标记列表框中的提示，即可将对应的标记加到适当的地方。最后点击保存，即可将结果保存至后台数据库中。

自动词性标注的界面如图 3-12 所示。在自动词性标注界面中，编号下的列表框将所有的甲骨片编号一一列举出来，点击即可将其上面的释文读到对应释文编辑框中，点击自动标注，即可在标注结果下的编辑框中显示标注结果。上下可以进行对比，点击保存将结果存储起来，方便进行性能测试。

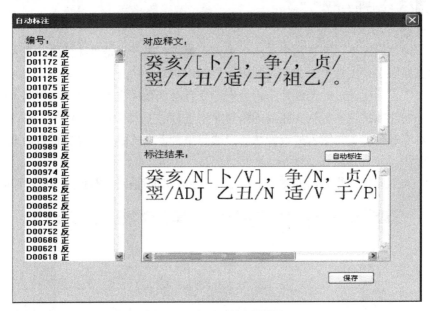

图 3-12　自动词性标注界面

3.5.5　结论

在系统设计完成之后，进行了一系列的测试。自动分词和词性标注系统的评测是推动这两项技术发展的重要手段。测试指标主要是正确率、召回率和 F-测试值，为了方便，用 a 表示正确标注的词的个数，b 表示所识别的词的总数，c 表示文本中词的总数。具体计算分别如式（3-15）至式（3-17）所示：

$$正确率(C) = \frac{a}{b} \times 100\%。 \tag{3-15}$$

$$召回率(R) = \frac{a}{c} \times 100\%。 \tag{3-16}$$

$$F - 测试值 = \frac{2 \times C \times R}{C + R} \times 100\%。 \tag{3-17}$$

6 万多片甲骨片中的卜辞，经过专家手动分词和标注，已经成为熟语料。以该标注语料库作为训练语料，训练过程是从 10 万词次递增到 30 万词次。又从生卜辞库中选取 20 万词次作为测试语料，在进行分词和词性标注的训练之后，对该测试语料进行自动分词和词性标注。分词的封闭测试和词性标注封闭测试的结果如表 3-7、表 3-8 所示。

表 3-7　不同大小训练集下的分词封闭测试结果

训练集大小/万词次	分词准确率	分词召回率	F-值
10	97.31%	98.39%	97.85%
20	97.92%	98.62%	98.22%
30	98.34%	98.81%	98.57%

表 3-8　不同大小训练集下的词性标注封闭测试结果

训练集大小/万词次	词性标注准确率	词性标注召回率	F-值
10	92.31%	93.35%	92.62%
20	93.16%	93.62%	93.39%
30	93.54%	93.81%	93.67%

3.6　总结与展望

本章利用计算机的大存储容量和运算速度快的特点，将大量的甲骨文献放入计算机中，为方便快速查询，接着介绍了语料库的相关知识，然后对甲骨文语料库的构架方案、建立路线及具体的实现过程做了说明。同时对自然语言处理技术的产生、发展和现状进行了说明。对实现该分词和词性标注系统的相关自然语言处理技术进行了研究，并对甲骨文中所用到的分词和词性标注方法重点做了介绍。对基于统计的分词和词性标注方法在本项目中的应用进行了分析。最后利用自然语言处理技术对甲骨卜辞进行分析，能够实现机器自动分词和词性标注，对该系统的分词和词性标注性能做了测试分析，从而实现了甲骨文的机器理解，以便更好地为甲骨文考释服务。

但是由于众人对于卜辞的理解不一样，导致在进行人工分词和词性标注时，标准不能统一。很显然，对库中所有卜辞全部进行人工加工是很有必要的，语料库标注的不完全性，以及在建立模型时参数的选择等问题，导致分词和词性标注的准确率和召回率不是很高。下一步考虑使用基于统计和规则结合的方法来提高词性标注的准确率，并对算法的时间复杂度加以改进。

参考文献

［1］ 杨建军. 汉语古籍语料库的建立原则 ［J］. 辞书研究，2006（2）：99-103.

［2］ 冯志伟. 计算语言学基础 ［M］. 北京：商务印书馆，2001.

［3］ 张妍. 基于隐马尔可夫模型的中文信息抽取算法研究 ［D］. 鞍山：辽宁科技大学，2013.

［4］ 孙彦晨. 基于隐马尔可夫模型的中文词义消歧方法研究 ［D］. 哈尔滨：哈尔滨理工大学，2016.

［5］ 王敏，郑家恒. 基于改进的隐马尔可夫模型的汉语词性标注 ［J］. 计算机应用，2006，12（26）：197-198.

［6］ XU W，RUDNICKY A. Can Artificial neural networks learn language models ［C］//. 6th International conference on spoken language processing（ICSLP2000），2000.

［7］ 韩霞，黄德根. 基于半监督隐马尔科夫模型的汉语词性标注研究 ［J］. 小型微型计算机系统，2015（12）：2813-2816.

［8］ 袁里驰. 基于改进的隐马尔科夫模型的词性标注方法 ［J］. 中南大学学报（自然科学版），2012（8）：3053-3057.

［9］ 才华. 隐马尔科夫模型在词性标注中的应用 ［J］. 西藏大学学报（自然科学版），2012（5）：77-81.

［10］ 冯志伟. 隐马尔可夫模型及其在自动词类标注中的应用 ［J］. 燕山大学学报，2013（4）：283-288.

［11］ 魏晓宁. 基于隐马尔科夫模型的中文分词研究 ［J］. 电脑知识与技术：学术交流，2007（21）：885-886.

［12］ 陈顺强，马嘿玛伙. 基于隐马尔科夫模型的彝文分词系统设计与开发 ［J］. 西南民族大学学报（自然科学版），2012，38（1）：146-149.

［13］ 黄昌宁，李涓子. 语料库语言学 ［M］. 北京：商务印书馆，2002.

［14］ 崔刚，盛永梅. 语料库中语料的标注 ［J］. 清华大学学报，2000（1）：89-94.

［15］ 翁富良，王野翔. 计算语言学导论［M］. 北京：中国社会科学出版社，1998.

［16］ 李宇明. 搭建中华字符集大平台［J］. 中文信息学报，2003（2）：1-6.

［17］ 江铭虎，邓北星，廖盼盼，等. 甲骨文字库与智能知识库的建立［J］. 计算机工程与应用，2004，40（4）：45-47.

［18］ 王建新. 计算机语料库的建设与应用［M］. 北京：清华大学出版社，2005.

［19］ 于江德，樊孝忠，尹继豪，等. 基于隐马尔可夫模型的中文科研论文信息抽取［J］. 计算机工程，2007，33（19）：190-192.

［20］ 孙茂松，卢红娜，邹嘉彦. 基于隐 Markov 模型的汉语词类自动标注的实验研究［J］. 清华大学学报（自然科学版），2000（9）：57-60.

［21］ 龙昉，李涓子，王作英. 基于语义依存关系的汉语语料库的构建［J］. 中文信息学报，2003（1）：46-53.

［22］ 刘颖. 规则方法和统计方法相结合在汉英机器翻译中的研究和应用［D］. 北京：中国科学院计算技术研究所，1998.

［23］ 于江德，樊孝忠，尹继豪. 隐马尔可夫模型在自然语言处理中的应用［J］. 计算机工程与设计，2007，28（22）：5514-5516.

［24］ 李学勤. 甲骨文同辞同字异构例［J］. 江汉考古，2000（1）：30-32.

［25］ 马如森. 殷墟甲骨学［M］. 上海：上海大学出版社，2007.

［26］ 牧仁高娃. 蒙古语语料库标注及相关对策研究［D］. 呼和浩特：内蒙古大学，2008.

［27］ 冯书晓，徐新，杨春梅. 国内中文分词技术研究新进展［J］. 情报杂志，2002，11：29-30.

［28］ 姚萱. 殷墟花园庄东地甲骨卜辞考释［J］. 汉字文化，2004（4）：54-56.

［29］ 张敏，马少平. 用于信息检索的古文统计分析［J］. 中文信息学报，2002，15（6）：40-46.

［30］ 王晓龙，关毅，等. 计算机自然语言处理［M］. 北京：清华大学出版社，2005.

［31］ 金钟赞，程邦雄. 孙诒让的甲骨文考释与《说文》小篆［J］. 语言研究，2003（4）：78-85.

［32］ 陈年福. 甲骨文词义研究［D］. 郑州：郑州大学，2004.

［33］ 何婷婷. 语料库研究［D］. 武汉：华中师范大学，2003.

［34］ 栗青生，杨玉星. 甲骨文检索的粘贴 DNA 算法［J］. 计算机工程与应用，2008，44（28）：140-142.

［35］ 吴琴霞，刘永革. 基于 XML/Schema 甲骨文语料库语料标注的研究［J］. 科学技术与工程，2009（17）：5185-5188.

［36］ 刘群，张洁，白硕. 自然语言处理开放资源平台［J］. 语言文字应用，2002（4）：50-56.

［37］ 俞士汶. 计算语言学概论［M］. 北京：商务印书馆，2003.

［38］ 周明，黄昌宁. 面向语料库标注的汉语依存体系的探讨［J］. 中文信息学报，1993，8（3）：35-52.

［39］ JIANGDE YU, XIAOZHONG FAN. Metadata extraction from Chinese research papers based on conditional random fields [C] //In Proceedings of the 4th International Conference on Fuzzy Systems and Knowledge Discovery, 2007.

[40] CHUANG W, YANG J. Extracting Sentence Segments for Text Summarization: A Machine Learning Approach. Proceedings of the 23rd Annual International ACM SIGIR Conference on Research and Development in Information Retrieval (SIGIR ' 00), Athens, Greece. pp. 152-159. 2000.

[41] FABRIZIO SEBASTIANI, Machine learning in automated text categorization [J]. ACM computing surveys, 2002, 34 (1): 1-47.

[42] TOM M MITCHELL. Does machine learning really work [J]. ai magazine, 1997, 18 (3): 11-20.

[43] WESLEY W CHU, ZHENYU LIU, WENLEI MAO. Techniques for textual document indexing and retrieval knowledge sources and data mining [J]. clustering and information retrieval, 2003 (10): 135-160.

[44] SLIM BEN HAZEZ. Modeling textual context in linguistic pattern matching [M]. CICLing, 2001: 93-95.

[45] Yves Kodratoff: Comparing Machine Learning and Knowledge Discovery in DataBases: An Application to Knowledge Discovery in Texts. Machine Learning and Its Applications 2001 (2): 1-21.

第 4 章

基于支持向量机的甲骨文字结构分析研究

支持向量机（support vector machines，SVM），是 Vapnik 等根据统计学习理论中结构风险最小化原则提出的，能够尽量提高学习机的推广能力，即使由有限数据集得到的判别函数对独立的测试集仍能够得到较小的误差。此外，支持向量机是一个凸二次优化问题，能够保证找到的极值解就是全局最优解。

基于数据的机器学习是现代智能技术中的重要方面，其目的是根据给定的训练样本求对某系统输入输出之间依赖关系的估计，使它能够对未来数据或无法观测的数据进行预测，以实现为人类更好服务的目的。迄今为止，关于机器学习的理论算法较多。其实现方法之一是经典的参数统计估计方法，包括模式识别等在内。现有机器学习方法共同的重要理论基础之一是统计学。参数方法正是基于传统统计学的，在这种方法中，参数的相关形式是已知的，训练样本用来估计参数的值。这种方法有很大的局限性。首先，它需要已知样本分布形式，这需要花费很大代价；其次，传统统计学研究的是样本数目趋于无穷大时的渐近理论，现有学习方法也多是基于此假设的，在现实问题中，样本数目通常是有限的，传统以无穷多为假设来推导的各种算法，希望在样本较少时也能得到较好的表现，然而事实上很难做到这一点。实现方法之二是经验非线性方法，如人工神经网络（artificial neural network，ANN）。这种方法利用已知样本建立非线性模型，克服了传统参数估计方法的困难。但是，这种方法缺乏一种统一的数学理论，且过分依赖于使用者的经验和技巧。

针对这些问题，Vapnik 等从 20 世纪六七十年代起开始致力于小样本情况下机器学习规律的研究工作，建立了一套全新的理论体系——统计学习理论，并在此基础上发展了支持向量机这一通用的学习算法。到 90 年代中期，随着其理论的不断发展和成熟，也由于神经网络等学习方法在理论上缺乏实质性进展，统计学习理论越来越广泛地受到重视。目前，关于 SVM 的研究正方兴未艾，其理论正在不断深入发展，实践应用不断拓广，已成为机器学习和数据挖掘领域的标准工具，并将有力地推动机器学习理论和技术的发展。

4.1 统计学习理论基础

统计学习理论是一种专门针对小样本的统计理念，它为研究有限样本情况下的统计模式识别和更广泛的机器学习问题建立了一个较好的理论框架，被认为是目前针对小样本统计估计和预测学习的最佳理论。它从理论上系统地研究了经验风险最小化原则成立的条件、有限样本下经验风险与期望风险的关系及如何利用这些理论找到新的学习原则与方法的问题。同时也发展了一种新的模式识别方法，支持向量机，能够较好地解决小样本问题。

统计学习理论的主要内容有经验风险最小化原则下统计学习一致性的条件；统计学习定义的 VC 维；统计学习方法推广性的界；在推广性的界的基础上建立的结构风险最小化原则；实现这些原则的支持向量机方法。

4.1.1 统计学习一致性的条件

学习过程的一致性是统计学习理论的基础，传统的基于渐进理论的统计学与它的联系也正在于此。其意思是说：当训练数据集的项目趋于无穷大时，经验风险的最优值能够收敛到真实风险的最优值。

经验风险最小化一致性。对于指示函数集 $L(y, w)$ 和概率分布函数 $F(y)$，如果下面两个序列概率地收敛到同一极限，即满足式（4-1）：

$$R(W_l) \xrightarrow{P} \inf_{n \in A} R(W)$$

$$R_{emp}(W_l) \xrightarrow{P} \inf_{n \in A} R(W) \qquad (4-1)$$

则称为经验风险最小化原则对函数集 $L(y, w)$ 和概率分布函数 $F(y)$ 是一致的，如图 4-1 所示。

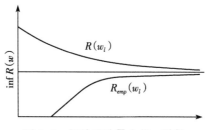

图 4-1 经验风险最小化一致性

对于有界的损失函数，经验风险最小化学习一致性的充分必要条件是经验风险在式（4-2）的条件下一致地收敛于真实风险。

$$\lim_{l \to \infty} P\{ SUP(R(w) - R_{emp}(w)) > \varepsilon \} = 0, \ \forall \varepsilon > 0, \qquad (4-2)$$

其中，P 表示概率，$R_{emp}(w)$ 和 $R(w)$ 分别表示在 1 个数据样本下的经验风险和对于同一个 w 的真实风险。

上述内容即为学习理论关键定理。这一定理在统计学习理论中非常重要，它把学习一致性的问题转化为式（4-2）的一致收敛问题。该问题依赖于预测函数集，也依赖于数据集的概率分布。

4.1.2 VC 维

为了研究学习过程一致收敛的速度和推广性，统计学习理论定义了一系列有关函数集学习性能的指标，其中最重要的是 VC 维（vapnik-chervonenkis demension）。指示函数集 VC 维的直观定义如下。

一个指示函数集的 VC 维就是它能打散的最大样本数目 h。也就是说，如果存在 h 个样本的样本集能够被函数集打散，而不存在有 $h+1$ 个样本的样本集被函数集打散，则函数集的维是 h。若对任意数目的样本都有指示函数能将其打散，则该指示函数集的 VC 维是无穷大。

VC 维反映了函数集的学习能力。一般而言，VC 维越大则学习机器越复杂，学习容量越大。目前尚没有关于任意函数集 VC 维计算的通用理论，只对一些特殊的函数集知道其 VC 维，如 n 维实数空间中线性分类器和线性实函数的 VC 维是 $n+1$。在非线性情况下学习机器的 VC 维通常是无法计算的。在实际应用统计学习理论时，可以通过变通的办法巧妙地避开直接求 VC 维的问题。

4.1.3 推广性的界

函数集的 VC 维有限且快速收敛是经验风险最小化学习过程一致性的充要条件。统计学习理论中系统地研究了对于各种类型的函数集，经验风险和实际风险之间的关系，即推广性的界。对于两类分类问题：指示函数集中的所有函数包括使经验风险最小的函数，经验风险 $R_{emp}(w)$ 和实际风险 $R(w)$ 之间以至少 $1-\eta$ 的概率满足如下关系：

$$R(w) \leqslant R_{emp}(w) + \sqrt{\frac{h\left(\ln\left(\frac{2l}{h}\right)\right) - \ln\left(\frac{\eta}{4}\right)}{l}}, \qquad (4-3)$$

其中，h 是函数集的 VC 维，l 是数据样本数。

上面的理论说明学习机器的实际风险是由两个部分组成的经验风险（训练误差）和置信范围（VC 信任），它和学习机器的 VC 维及训练样本数有关。可以简单地表示为：

$$R(w) \leqslant R_{emp}(w) + \phi(h/l), \qquad (4-4)$$

式（4-4）表明，在有限训练样本下，VC 维越高，复杂性越高，置信范围越大，导致真实风险与经验风险之间可能的差别越大。这就是为什么会出现过学习现象的原因。还要使 VC 维尽量小，以缩小置信范围，才能取得较小的实际风险，即对未来样本有较好的推广性。需要指出，推广性的界是对于最坏情况的结论，在很多情况下是较为松弛的，尤其当 VC 维较高时更是如此。研究表明当 $\frac{h}{l}>0.37$ 时，这个界肯定是松弛的，当维无穷大时这个界就不再成立，而且这个界只在对同一类学习函数进行比较时有效，可以指导我们从函数集中选择最优的函数，在不同函数集之间比较却不一定成立。

4.1.4 结构风险最小化

在传统的基于数据的机器学习方法中，选择学习模型和算法的过程就是调整置信范围的过程，如果模型比较适合现有的训练样本，相当于 $\frac{h}{n}$ 值适当，就可以取得比较好的效果。但理论指导的缺乏，使得这种选择只能依赖先验知识和经验，造成了如神经网络等方法对使用者"技巧"的过分依赖。

基于式（4-4）的理论依据，统计学习理论提出了一种新的策略。

具体地将函数 S 集分解为一个函数子集结构：

$$S_1 \subset S_2 \subset \cdots \subset S_K \subset \cdots \subset S。 \qquad (4-5)$$

使各个子集能够按照 VC 维的大小排列，即：

$$h_1 \leqslant h_2 \leqslant \cdots \leqslant h_k \leqslant \cdots \leqslant h。 \qquad (4-6)$$

在每个子集中寻找最小经验风险，在子集间折中考虑经验风险和置信范围，使之达到实际风险的最小，如图4-2所示。

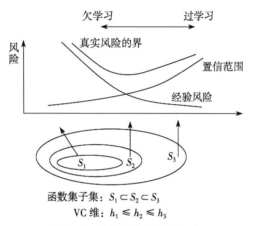

图 4-2　结构风险最小化示意

这个子集中使经验风险最小的函数就是要求的最优函数，这种思想称作结构风险最小化（structural risk minimization，SRM）原则。

根据这一分析，可以得到两种运用结构风险最小化归纳原理构造的学习机器的思路：一是在每个子集中求最小经验风险，然后选择使最小经验风险和置信范围之和最小的子集。不过这种方法比较费时，当子集数目很大甚至是无穷时不可行。所以有第二种思路，即设计函数集的某种结构使每个子集中都能取得最小的经验风险，比如使训练错误率为 0，然后只需选择适当的子集使置信范围最小，则这个子集中使经验风险最小的函数就是最优函数。由此得出，实现有序风险最小化的关键在于如何构造函数子集结构。后面介绍的支持向量机方法正是一种比较好地实现了有序风险最小化思想的方法。

4.2　支持向量机

4.1节介绍了统计学理论前3部分的有关知识,实际上,这些都是理论部分,实现这些理论部分是由它的第4部分完成的,即支持向量机方法。支持向量机(support vector machine,SVM),是统计学习理论中最年轻的内容,也是最实用的部分。

支持向量机的理论最初来自于对数据分类问题的处理。对于线性可分数据的二值分类,如果采用神经网络来实现,其机制可以简单地描述为系统随机地产生一个超平面并移动它,直到训练集合中属于不同类别的点正好位于该超平面的不同侧面,就完成了对网络的设计要求。但是这种机制决定了不能保证最终所获得的分割平面位于两个类别的中心,这对于分类问题的容错性是不利的。

保证最终所获得的平面位于两个类别的中心对于分类问题的实际应用是很重要的。支持向量机方法很巧妙地解决了这一问题。该方法的机制可以简单描述为寻找一个满足分类要求的最优分类超平面,使得超平面在保证分类精度的同时,能够使超平面两侧的空白区域最大化。理论上来说,支持向量机能够实现对线性可分数据的最优分类。为了进一步解决非线性问题,Vapnik等通过引入核映射方法将低维空间中的非线性问题转化为高维空间的线性可分问题来解决。

4.2.1　最优分类面

SVM是从线性可分的分类问题的最优分类面发展而来的,其基本思想可用图4-3两维情况来说明。

图4-3实心点和空心点代表两类样本,H为分类线,H_1、H_2分别为过两类中离分类线最近的样本且平行于分类线的直线,它们之间的距离叫作分类间隔(margin)。所谓最优分类线(最大间隔分类线)就是要求分类线不但能将两类正确分开(训练错误率为0),而

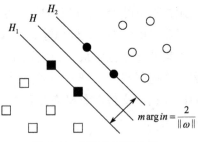

图4-3　最优分类面示意

且使分类间隔最大。推广到高维空间，最优分类线就变为最优分类面。

设有两类线性可分的样本集合：

$$T = \{(x_1,\ y_1),\ \cdots,\ (x_l,\ y_l)\}, \tag{4 - 7}$$

其中，$x_l \in R^n$，$y_l \in \{+1,\ -1\}$。

线性判别函数的一般形式为 $f(x) = wx + b$，对应的分类方程如下：

$$\omega x + b = 0_{\circ} \tag{4 - 8}$$

将判别函数进行归一化，使两类所有样本都满足：

$$y_i[(\omega x_i) + b] - 1 \geqslant 0,\ i = 1,\ \cdots,\ l_{\circ} \tag{4 - 9}$$

此时可计算出分类间隔等于：

$$\min_{\{x_i / y_i = +1\}} \frac{wx_i + b}{\|w\|} - \max_{\{x_i / y_i = -1\}} \frac{wx_i + b}{\|w\|} = \frac{2}{\|w\|}_{\circ} \tag{4 - 10}$$

要求最大间隔可通过求 $\|w^2\|$ 最小来实现。满足式（4-9）且使 $\frac{1}{2}\|w^2\|$ 最小的分类面就是最优分类面。H_1、H_2 上的训练样本点就称作支持向量。最优分类面可以表示成如下的约束优化问题，即在式（4-9）的约束下，求如下函数的最小值：

$$\phi(w) = \frac{1}{2}\|w^2\| = \frac{1}{2}(w,\ w)_{\circ} \tag{4 - 11}$$

因此，我们可以使用 Lagrange 乘子方法解决约束最优问题。

首先，我们建立 Lagrange 函数：

$$L(w,\ a,\ b) = \frac{1}{2}\|w\|^2 - \sum_{i-1}^{l} a_i[y_i(wx_i + b) - 1], \tag{4 - 12}$$

其中，$a_i \geqslant 0$ 称作 Lagrange 乘子。约束最优问题的解由 Lagrange 函数 L（w, a, b）的鞍点决定，此函数对 w 和 b 定最小化，对 a 必定最大化。分别对 w 和 b 求偏微分方程并令它们等于零，于是有：

$$\frac{\partial L(w,\ a,\ b)}{\partial w} = 0, \tag{4 - 13}$$

$$\frac{\partial L(w,\ a,\ b)}{\partial b} = 0_{\circ} \tag{4 - 14}$$

由式（4-13）得：

$$w = \sum_{i=1}^{l} a_i y_i x_i, \tag{4 - 15}$$

即最优超平面的权系数向量是训练样本向量的线性组合。

由式（4-14）得：

$$\sum_{i=1}^{l} a_i y_i = 0。 \qquad (4-16)$$

这样，就把上述问题转化为一个较简单的"对偶"问题。即：

$$W(\alpha) = \sum_{i=1}^{l} \alpha_i - \frac{1}{2} \sum_{i,j=1}^{l} \alpha_i \alpha_j y_i y_j (x_i \cdot x_j)。 \qquad (4-17)$$

这是一个不等式约束的二次函数极值问题（quadratic programming，QP）。根据最优性条件 karush kuhn tucher 条件（简称 KKT 条件），这个优化问题的解必须满足：

$$a_i \{ [(w \cdot x_i) + b] y_i - 1 \} = 0, \ i = 1, \cdots, l。 \qquad (4-18)$$

因此，对多数样本 a_i 将为零，取值不为零的 a_i 对应使式（4-9）中等号成立的样本，即支持向量（support vectors），如图 4-3 用圆圈标出的样本点所示。对学习过程而言，支持向量是训练集中的关键元素，它们离决策边界最近如果去掉所有其他训练点，再重新进行训练，得到的分类面是相同的。

求解上述问题后得到的最优分类函数是：

$$f(x) = \mathrm{sgn} \{ \sum_{i=1}^{l} y_i a_i (x_i \cdot x) + b \}。 \qquad (4-19)$$

式（4-19）中的求和实际上只对支持向量进行，因为非支持向量对应的 a_i 均为 0，b 是分类的阈值，可以由支持向量利用式（4-9）求得，或通过两类任意一对支持向量取中值求得，这就是 SVM 最一般的表述。

4.2.2 非线性支持向量机

在输入空间中构造最优分类面的方法仅仅是当所分类的样本能够被线性分开才可以，但实际应用中很多都是不能够线性分开的，这就要采用另一种分类方法：非线性支持向量机的方法。

非线性支持向量机的基本思想就是通过事先确定的非线性映射将输入向量 X 映射到一个高维特征空间中，然后在此高维空间中构造最优超平面。然而在高维空间求解最优超平面又是一个难题，而支持向量机通过定义核函数（Kernel-Function），巧妙地将这一问题转化到输入空间进行计算，其具体机制如下。

首先将输入空间的样本通过非线性映射：$\phi: R^n \rightarrow H$，映射到高维特征空间 H 中，然后在特征空间中利用二次规划的方法来求解最优超平面，由于在特征空间中求解支持向量只涉及点的内积运算，即 $\phi(x_i) \cdot \phi(x_j)$。因此，我们只要能找到一个函数 K，使 $K(x_i, x_j) = \phi(x_i) \cdot \phi(x_j)$。这样，在高维空间中实际是只需要进行内积运算，甚至不必知道变换 ϕ 的具体形式。

根据泛函的相关理论，只要找到一种函数 $K(x_i, x_j)$，使得它满足 Mercer 条件，那么，就可以用这个内积函数将输入空间中的样本经过非线性变换映射到高维空间中实现线性分类，并且计算复杂度却没有增加，此时的决策函数就变为：

$$L(w, a, b) = \frac{1}{2} \parallel w \parallel^2 - \sum_{i=1}^{l} a_i [y_i(w \cdot \varphi(x_i) + b) - 1]。$$

$$(4-20)$$

相应的最优分类函数也变为：

$$f(x) = \text{sgn} \left\{ \sum_{i=1}^{m} y_i a_i K(x_i, x) + b \right\}。 \qquad (4-21)$$

函数 K 称为点积核函数，可以看作是在样本之间定义的一种距离。在构造判别函数时，先在输入空间比较向量，例如，求点积或某种距离，对结果再做非线性转换。这样一来，在输入空间就将完成大量工作，而不是将最大量的工作留到高维特征空间去完成。

式（4-21）的分类函数在形式上与神经网络类似，输出是 s 个中间节点的线性组合，每个中间节点对应一个支持向量，如图 4-4 所示。由于最终的判别函数中实际只包含支持向量的内积及求和，因此，识别时的计算复杂度取决于支持向量的个数。

较为概括地说，SVM 就是首先通过用内积函数定义的非线性转化经输入空间变换到一个高维空间，然后在这个空间求广义的最优分类面。

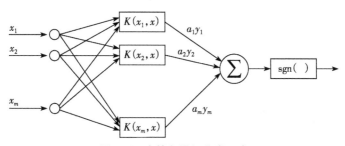

图 4-4 支持向量机分类示意

4.2.3　几种常见核函数

式（4-21）中内积函数不同，形成的算法也不同。这种内积函数被叫作核函数。下面列举几种常见的核函数。

（1）多项式核函数

选用下列核函数：

$$k(x_i, x_j) = [(x_i \cdot x_j) + 1]^d (d \in n),　　　　　　(4-22)$$

对应 SVM 是一个 d 阶多项式分类器。

（2）径向核函数

选用下列核函数：

$$k(x_i, x_j) = \exp(-\parallel x_i - x_j \parallel / 2\sigma^2),　　　　　(4-23)$$

对应 SVM 是一种径向基函数分类器。

（3）Sigmoid 核函数

选用下列核函数：

$$k(x_i, x_j) = \tanh[v(x_i \cdot x_j) + a],　　　　　　(4-24)$$

则 SVM 实现的就是一个两层的感知器神经网络，只是在这里不但网络的权值，而且网络的隐层节点数目也是由算法自动确定的。

选定核函数后，对于非线性可分训练样本，在高维特征空间，最优分类面是个超平面，而在输入空间最优分类面是个超曲面（非线性的），据此可以构造出决策函数（指示函数）：

$$f(x) = \text{sgn}(\sum_{j=1}^{l} \alpha_i y_i k(x_i, y_i) + w_0)。　　　　(4-25)$$

式（4-25）表示了基于支持向量机的分类规则。

4.2.4　多类分类问题

支持向量机的基本理论是从二类分类问题提出的，因此，从二类分类到多类分类的过渡是最核心的内容。怎样把它推广到多分类问题是一个正在研究的问题。目前已提出的若干种方法，可归纳成两类：①分解成多个二分类器，然后综合起来；②直接考虑多类问题。下面介绍常用的 3 种多类分类组合方法。

（1）一对多组合

这种方法由 k 个 SVM 模型构成，k 是层数。第 i 个由第 i 层的所有正指标数据样本训练，其余数据样本具有负指标。给定 l 个数据对：(x_1, y_1)，(x_2, y_2)，$\cdots$，(x_i, y_i)，$x_i \in R^n$，$i = 1, \cdots l$，$y_i \in \{1, 2, 3, \cdots k\}$ 是 x_i 所在的层。

在训练第 i 个支持向量机二分类器时，将属于第 i 类别的样本标记为正类，不属于第 i 类别的样本标记为负类，对应优化问题如下：

$$\min_{w^i,\ b^i,\ \xi^i} \frac{1}{2} \parallel w^i \parallel^2 + C^i \sum_{j=1}^{l} \xi_j^i$$

$$S.\ t.\ w^i.\ \varphi(x_j) + b^i \geq 1 - \xi_j^i,\ 如果\ y_j = i \qquad (4-26)$$

$$w^i.\ \phi(x_j) + b^i \leq -1 + \xi_j^i,\ 如果\ y_j \neq i$$

$$\xi_j^i \geq 0,\ j = 1,\ \cdots,\ l。$$

其中，$\phi(x_j)$ 是将 x_i 映射到高位特征空间的映射函数，C 是惩罚系数。

求解式（4-20）可获得 k 个判别函数：

$$f_1(x) = \mathrm{sgn}(w^i.\ \phi(x) + b^l)$$

$$f_k(x) = \mathrm{sgn}(w^k.\ \phi(x) + b^k) \qquad (4-27)$$

那么，X 使哪个判别函数最大它就属于哪一层。即

$$X_{所在层} = \arg \max_{i=l,\ \cdots,\ k} (w^i.\ \phi(x) + b^i)。 \qquad (4-28)$$

这种方法的优点在于：组合二类分类器的个数比较少，速度快。但也存在不足。例如，存在不可分区域，训练样本的重复率高、速度慢等。

（2）一对一组合

此方法构造了 $k(k-1)/2$ 个分类器，在训练第 i 层和第 j 层对应的分类器时，在样本集中选取属于层 i 和层 j 的数据作为训练样本，并将属于第 i 层的样本标记为正类，将属于第 j 层的样本标记为负类。对应的二值分类问题如下：

$$\min_{w^{ij},\ b^{ij},\ \xi^{ij}} \frac{1}{2} \parallel w^{ij} \parallel^2 + C^{ij} \sum_{t=1}^{l} \xi_t^{ij}$$

$$S.\ t.\ w^{ij}.\ \phi(x_t) + b^{ij} \geq 1 - \xi_t^{ij}, \qquad 如果\ y_t = i$$

$$w^{ij}.\ \phi(x_{ij}) + b^{ij} \leq -1 + \xi_t^{ij}, \qquad 如果\ y_t = j$$

$$\xi_t^{ij} \geq 0。 \qquad (4-29)$$

判别 X 属于某一层时可以投票表决这一层加一个，否则另一层加一个，

最后得票最多的一层即为 X 所属层次。

这种方法分类精度较高，但同样存在着不可分区域，且需构造的支持向量机数目较多，在类别数目较多的情况下，分类精度和速度就会降低。

（3）DAGSVM 方法

这种方法实际就是与 SVM 决策树相结合，训练过程与一对一组合方法相同，即对任意两个类构建二分类器，共得到 $k(k-1)/2$ 个子分类器。DAGSVM 方法与一对一组合方法的不同之处在于，在检测过程中，该方法用了一个二叉有向无环图。该方法的优点在于：具有层次结构，训练速度快。但是没有理论指导，也需要一定的先验知识。

4.2.5　支持向量机的优势

通过前面的分析，可以看出，支持向量机以统计学习理论为基础，采用结构风险最小化准则设计学习机器，较好地解决了非线性、高维数、局部极小点等问题，并具有较好的推广能力。具体来说，与基于传统统计学的机器学习方法相比，支持向量机主要具有以下特点和优势。

①支持向量机具有坚实的理论基础和严格的推证过程，从数学上找到了机器学习问题的核心所在，为研究在有限样本情况下基于数据的机器学习方法奠定了基础。

②支持向量机采用结构风险最小化准则设计学习机器，折中考虑经验风险和置信范围，具有较好的推广能力。

③对于非线性问题，通过非线性变换转换到高维的特征空间，在高维空间中构造线性判别函数来实现原空间中的非线性判别函数，巧妙地解决了维数问题，其算法复杂度与样本维数无关。

④支持向量机算法归结为一个凸二次规划问题，从理论上说，得到的解将是全局最优解，解决了在神经网络方法中无法避免的局部极值问题。

⑤支持向量机通过学习，选择出只占训练样本集一小部分的支持向量。支持向量是帮助支持向量机对未知样本做出决策的典型样本，它们包含了分类所需的重要信息，对支持向量的分类等价于对所有训练样本的分类。

⑥支持向量机参数的选择影响着支持向量机的性能。支持向量机的参数包括核函数、核函数的参数及误差惩罚参数 C。其中，核函数、映射函数和特征空间是一一对应的，确定了核函数，就隐含地确定了映射函数和特征空

间。而核函数参数的改变实际上是隐含地改变了样本数据子空间的复杂程度。数据子空间的维数决定了能在该子空间构造线性分类面的最大 VC 维，限定了在该数据子空间所能构造的最复杂的最优分类面的复杂程度，也就决定了线性分类面能达到的最小经验风险。同时，每一个数据子空间对应着唯一的推广能力最好的分类面（此时，对应的是一个最优的误差惩罚参数 C）。误差惩罚参数 C 的作用是在确定的数据子空间中，调节学习机器置信范围和经验风险的比例，以使学习机器的推广能力最好。

4.3　支持向量机分类技术在文字检测领域应用

支持向量机（support vector machine，SVM）是一种监督学习模式下的数据分类、模式识别、回归分析模型，其具有强大的数学基础及理论支撑。目前，支持向量机分类技术已经广泛应用于机器学习、模式识别、模式分类、计算机视觉、工业工程应用、航空应用等各个领域中，且其分类效果可观。例如，在文字检测识别领域应用中，对于文本文档，主要针对手写文本，能够实现文本关键词、特殊意义短语的识别且对于不同语言都有具体的分析研究；在人体部位识别领域应用中，可针对手掌、耳朵、人脸及面部表情进行有效识别；在车辆交通检测领域应用中，可针对车牌、车载系统、车辆零件及车辆行驶路况进行可靠检测；在医疗领域应用中，可针对骨龄估计、跌倒监测、医疗咨询框架及依据人脑图像进行痴呆症、抑郁症分类的模式识别。除了广泛应用于上述领域外，研究人员将该技术投入其他领域中，极大扩展了其应用范围。下面针对支持向量机技术在文字检测领域的应用做以下介绍。

杨文敏等从句子层面识别不确定信息，提出了基于 SVM 的中文不确性信息识别模型，判断句子中是否含有不确定信息。实验表明，在不确定信息检测任务中，基于 SVM 的中文不确定性信息识别模型可以获得较好的性能。识别分为文本预处理和语料收集与数据初步统计两个阶段。

预处理阶段包括中文分词、文本表示和特征提取 3 个步骤。首先用中科院分词系统 ICTCLAS 对文本进行分词，然后用 TF-IDF 进行权重计算，最后将文档用向量空间模型（vector space model，VSM）表示。语料收集阶段，使用复旦大学发布的中文不确定性检测数据集作为实验语料，该语料选取常见的 150 个线索词作为查询词，总共 10 000 个句子，选取其中 8000 句作为训练语料，2000 句作为测试语料。该语料的初步统计如表 4-1 所示。

表 4-1　中文语料统计

名称	训练集	测试集
句子数量/个	8000	2000
词数量/个	245 723	61 584
不确定性句子数量/个	2248	610
不确定性句子百分比	28.1%	30.5%
线索词数量/个	3982	1102
平均线索词数量/个	1.77	1.81

注：实验采用精确率 P、召回率 R 和综合评价指标 F_1 值对实验结果进行评价。

$$Precision = \frac{系统标注正确的句子数}{系统标出的句子总数}, \tag{4-30}$$

$$Recall = \frac{系统标注正确的句子数}{测试集中出现的句子总数}, \tag{4-31}$$

$$F_1 = \frac{2 \times P \times R}{P + R}。 \tag{4-32}$$

在模型训练时，按照上述步骤进行预处理，得到特征向量空间。选取 Libsvm-3.17 进行模型的训练，选择合适的参数构造分类器（过程如图 4-5 所示），直到分类器具有较好的分类能力。训练结果如表 4-2 所示。

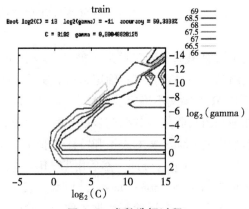

图 4-5　参数选择过程

表 4-2 训练结果统计

	P	R	F
基准系统	0.625	0.7073	0.6636
本文系统	0.6667	0.7269	0.6953

在测试阶段，用构造好的分类器去测试语料，采用十字交叉验证的方法，以检验模型的性能。测试结果如表 4-3 所示。

表 4-3 测试结果统计

	P	R	F
基准系统	0.7024	0.7082	0.7053
本文系统	0.7872	0.8431	0.8142

从实验结果看，模型虽然在训练集上只取得 0.6953 的 F_1 值，但在测试集上取得了 0.8142 的 F_1 值，同时召回率也相应地提高。

训练测试过程如图 4-6 所示。经实验证明，这种方法在中文不确定性句子识别任务中可以取得较高的性能。

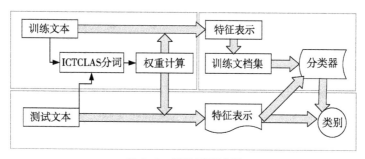

图 4-6 训练测试过程

张虎等针对具有非平衡性的海量网络信息，提出了一种基于集成学习的欺骗行为检测方法。通过改进的二分 k-means 划分方法对训练样本集进行分解，分别在每对正负样本集上学习各自独立的分类器，然后利用每个独立分类器分别计算待测样本的类别输出值，并采用结合个体分类器分类正确率的最小最大模块化方法集成每个判别结果。可以保证在组成两类子问题时他们的正负训练样本集规模相差不大，进而训练出较好的分类器。采用的集成学习机制除了能提高分类精度外，还可以提高模型的训练效率。

Ryu 等提出一种基于结构化学习的 SVM 分类手写文档图像。通过结构化学习技术确定 SVM 参数，并构造松弛结构 SVM 训练估计最优的参数。结构化 SVM 方法降低识别的计算复杂度并解决了手写文档不规则和多样化的干扰因素。该文仅在拉丁语和印度语文档中证明其可靠性，可通过将该方法应用于英文及汉语文本中，扩大其文本应用范围。

场景文字定位与识别问题近年来受到极大关注，彭艳兵等针对定位场景图片中的文字提出一种区域与连通域结合的方法。首先采用最大稳定极值区域（MSER）与笔画宽度变换（SWT）相结合的方法来提取图片的候选文字连通域，然后运用启发规则对候选连通域初筛，最后提取候选连通域的方向梯度直方图特征（HOG）和均匀局部二值模式（LBP）特征，输入支持向量机（SVM），判别是否为文字区域。具体流程如图 4-7 所示。

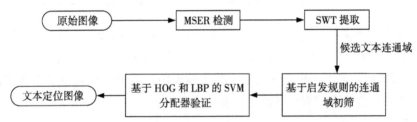

图 4-7 基于区域特征与支持向量机的场景文字定位算法流程

MSER 特征具有稳定的仿射不变性，对区域的灰度变化相对稳定，并且能检测复杂程度不同的区域；笔画宽度特征是文本特有的特征，它提出的依据是同一幅图像中的文本往往具有相同的笔画宽度，可将笔画宽度相同的区域聚合成连通域，进而得到候选的文字连通域。而且，笔画宽度特征具有一个极大的优势，就是不同的语言文本都满足笔画宽度特征相似的条件，这使其具有普适性。这里采用的 SWT（笔画宽度变换）输入的是原始图像，输出的是与原始图像大小相同的图像，原始图像的每个像素点的笔画宽度值都映射到输出图像的相应位置上。

对候选连通域进行筛选采用如下启发规则。

①计算每个候选连通域的像素点笔画宽度值的差值，剔除差值过大的区域，先验阈值设置为连通域像素点笔画宽度平均值的一半。这一步可以去除如树叶这样的区域。

②将候选连通域长宽比限制在 0.1～10，排除不符合的区域，这样可剔

除类似于电线杆的狭长干扰区域。

③限制一个连通域的边界最多只能包含一个区域，以去除文本外围框架。

④排除尺寸过大或过小的区域，将连通域高度限制在 16~300 个像素点，由此可检测出连续笔画（如手写笔迹和阿拉伯数字），并且由于图像中通常不出现单个字符，可将其当作噪声剔除。

由于 HOG（方向梯度直方图特征）表示的是图像边缘结构的特征，能较好地描述局部区域的信息。LBP（局部二值模式）可以描述图像的局部纹理特征，对旋转和灰度变化具有良好鲁棒性。

因此，彭艳兵等采用具有区域特征的 HOG 和 LBP 对候选文字连通域提取特征，作为分类器的 SVM 的输入，从而对候选文字连通域进行进一步验证。

实验数据集来自于 ICDAR-2003、ICDAR-2011 和 ICDAR-2015 的场景文字定位数据集，主要是自然场景下的英文文本数据集。本书采用 ICDAR 的方法评估算法，指标有准确率（precision）、召回率（recall）和标准量度 F，如式（4-33）至式（4-35）所示。

$$P = \frac{\text{正确检测的文本数}}{\text{检测出的总文本数}}, \qquad (4-33)$$

$$R = \frac{\text{正确检测的文本数}}{\text{总文本数}}, \qquad (4-34)$$

$$F = \frac{1}{\dfrac{a}{P} + \dfrac{1-a}{R}}。 \qquad (4-35)$$

其中，a 表示权重，本书取 $a=0.5$。本实验结果与基于结构划分的自然场景文本字符串检测和基于高效裁剪穷举搜索的真实图像文本定位在 ICDAR 测试集上的结果对比如表 4-4 所示。

由于彭艳兵等在提取文字候选连通域时采用的是 MSER 结合 SWT 算法，该算法能检测到灰度变化较小的稳定区域，在检测到文本区域的同时，也易增加非文本区域的检测数，故准确率没有提高，但召回率相较其他两种算法有显著提升，整体性能指标 F 值有所提高。

表 4-4　算法对比结果

方法	P	R	F
算法 A[1]	0.71	0.62	0.67
算法 B[2]	0.65	0.64	0.63
本书算法	0.67	0.69	0.68

注：①基于结构划分的自然场景文本字符串检测算法。②基于高效裁剪穷举搜索的真实图像文本定义算法。

以上分析了支持向量机在文字检测领域的一些应用研究，目前样本数据日趋复杂化及各种新兴分类识别技术的涌现，使得支持向量机在核函数改进、海量数据分析及模型组合方面也在不断改进和提高。

4.4　基于支持向量机的甲骨文字形结构分析

4.4.1　甲骨文字形构件分析

根据甲骨文专家研究，甲骨文是由有限的相对稳定的基础构件以一定的组合模式和组合层次组成了一定数量的单字，个体字符之间既不是孤立的，也不是杂乱的，而是按照一定的构形规律相互联系，相互区别，从而形成了一个有序的符号系统。本书所用数据均取自安阳师范学院计算机与信息工程学院河南省甲骨文信息处理重点实验室，对实验室收集的甲骨文字进行分析，可以将其分为独体字、左右、上下、包围等 11 种字形结构。同时从 5943 个甲骨文单字字形中共拆分出无差别构件 2168 个、独体构件 1688 个，并进行加工，形成以甲骨文字的构件、构件所在位置（即构件方位）、构件所在层级组合而组成的数字表达式。每个构件有一定的数字编码，构件方位用字母表示，构件层级的增加用小括号来标记。此过程及实现已在第 2 章第 3 节做了介绍，在此不再详述。

这样，甲骨文字形特征可以直接从所形成的数字表达式提取，提取方法如下：①对数字表达式进行扫描，若只有数字，表示类别为独体；②若整串字符中有小括号，表示复杂结构；③若字符串中没有括号且存在字母，则为简单型。

通过熟悉甲骨学领域专家的相关知识，结合软件工程、支持向量机等相关知识，在甲骨文语料库的字形库中，研究将计算机语言学运用于古汉语领域的方法，即在字形库的基础上建立一个基于结构的知识库，用领域专家的相关知识和通过计算机技术发现的知识实现对甲骨文字进行字形方面的分析、分类、查询、存储等功能，为甲骨文专家提供甲骨字形的相关信息，起到辅助专家从字形、部首方面进行甲骨文考释的目的。

4.4.2　几种分类方法比较

经过了对甲骨文字预处理之后，就可考虑在已生成的数字表达式基础上进行计算机处理，如对字形进行分析、进行基于部首的分类等。本书讨论的是如何实现基于甲骨文字结构相似性分类。

现实生活中存在大量的分类问题，如语音识别、人脸识别、图像识别、机械故障诊断、医学诊断、文本分类、网络入侵检测等。目前，机器学习中用于分类的方法很多，其中具有代表性的方法是贝叶斯方法、神经网络和支持向量机方法。这些方法已在语音识别、文本识别、人脸识别、医学诊断等领域得到了广泛的应用。

贝叶斯学习理论利用概率的形式来表示变量间的依赖关系，主要通过先验信息和样本数据来获得对未知样本的估计。先验概率除了能借助人的经验、专家的知识来指定以外，还能通过分析样本数据的特点直接获得。能够借助人的经验正好是这种方法的优点所在，整个朴素贝叶斯分类分为 3 个阶段：①准备工作阶段。主要工作是根据具体情况确定特征属性，并对每个特征属性进行适当划分，然后由人工对一部分待分类项进行分类，形成训练样本集合。②分类器训练阶段。主要工作是计算每个类别在训练样本中的出现频率及每个特征属性划分对每个类别的条件概率估计，并将结果记录。③应用阶段。使用分类器对待分类项进行分类，其过程如图 4-8 所示。但是当假设模型与样本实际分布情况不相符时，使用贝叶斯学习方法就难以获得较好的效果。

神经网络在解决非线性问题方面得到了广泛应用，但其得到的理论成果并没有给一般的学习理论带来多大贡献，也就是说神经网络还缺乏严密理论体系的指导，目前易出现过学习和局部极小等问题，其应用效果往往过分依赖于使用者的经验。

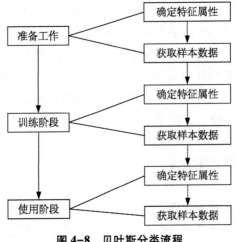

图 4-8　贝叶斯分类流程

支持向量机技术是泛化能力较强的学习方法之一，它以统计学习理论为基础，采用结构风险最小化准则设计学习机器。具体来说，与基于传统统计学的机器学习方法相比，支持向量机主要具有以下特点和优势：首先，有坚实的理论基础和严格的推证过程；其次，采用结构风险最小化原则，折中考虑了经验风险和置信范围，推广能力较好；最后，实现了非线性到线性的转换，解决了局部极值问题，而且所选的支持向量只是众多样本中的一小部分，还可以通过选择核函数提高性能等。

4.4.3　特征提取

因为各类事物都有自己的特征，所以才能被人们识别。同样对于计算机也是如此。满足以下两点，计算机就能完成识别工作：①足够多的特征；②正确的识别方法。某一事物之所以区别于其他事物，主要是因为其有自己的特征，当然，将一种事物从其他事物中区别出来，并不一定知道事物的所有特征，知道一些主要特征就可以了。对于文字的识别也是如此。要从预处理后的字符中，提取最能表达字符特点的特征。同一个甲骨文字，虽然写法各异，但其本质特征是不变的。

由于甲骨文数据量比较大，因此，提取特征是降低输入维数的有效方法。对于甲骨文字这一具体对象来说，特征提取可遵循如下原则。

①代表性。不同甲骨文字的本质特性应从所提特征上得到体现，如甲骨

文字的上下、左右结构等。

②稳定性。甲骨文字主要刻在兽骨、龟甲等上面，且均是不同的人所刻，刻字风格都有区别，但应保持相对稳定，如甲骨文字的笔画骨架特征。

③区分性。可以有效区分不同类别的甲骨文字，如甲骨文字的部首特征。

④简单性。特征向量要尽量简单易于提取，使计算复杂度尽量低。

一般汉字的特征提取方法主要有结构特征提取和统计特征提取两种。结构特征提取是对汉字进行结构分析，从而达到识别的目的，同类模式具有相似结构为基础的识别方法。识别某一个单字时，如果能判别组成这个字的各个字母及它们的（结构）关系，就可以识别这个字。其充分利用了字符本身的特点，思想与人认字的原理有点相像，但又有所不同。汉字的结构特征是指汉字的基本组成笔画单元，对不同的汉字手写样本，尽管书写风格差异，然而笔画间的相对位置关系，如汉字的笔画可以简化为横、竖、左斜、右斜 4 种，根据长度不同又可分为长横、短横、长竖、短竖等以笔画为单元的整个汉字的拓扑结构是不变的。结构特征常常用于区分相似字，如识别"土""土"需要对上下两个横笔画进行长短判断，即对两个基本的横笔画进行结构特征的提取。甲骨文是由有限的相对稳定的基础构件以一定的组合模式和组合层次组成了一定数量的单字，个体字符之间既不是孤立的，也不是杂乱的，而是按照一定的构形规律相互联系，相互区别，形成一个有序的符号系统。

统计特征是指从大量样本数据中统计并提取出与分类相关的信息，统计特征最大的优点就是能够吸收汉字书写风格差异，并且对噪声不敏感，是一种稳定的特征提取方法。

这是以同类模式具有相同属性为基础的识别方法，将汉字图像作为一个整体来进行处理，提取反映图像整体信息的特征向量，基于特征向量进行识别。它可以通过对模式的多个样本的测量值进行统计分析，然后按一定准则来提取。例如，对于一个汉字图像，我们可以把每个汉字的图形分为若干小方块，然后统计每一小方块中的黑像素，构成一个多维特征矢量，作为该汉字的特征。用于代表各类模式的特征应该把同类模式的各个样本聚集在一起，而使不同的类模式的样本尽量分开，以保证识别系统具有足够高的识别率。统计方法又可分为距离法、判决函数法、贝叶斯判决法、子空间法和模型法 5 种。距离法根据待识别特征向量与各类别参考特征向量之间的距离进行分类，包括聚类分析法、一般距离法和近邻法。判决函数法根据类别判决函数的函数值（以待识别特征向量为自变量）进行分类，包括线性判决函数法、非线性判决函数法和支持向量机法。贝叶斯判决法基于各类别对于待识别特征向量的条件概率（称为类后验概率）进行分类，该方法的关键是如何确定各类别的条件概率密度函数。

在统计方法中，计算机要把人类识别物体时的这种黑箱式的映像表达出来，一般由两个步骤来完成：第一步，以适当的特征来描述物体，即由 $x_i \rightarrow f(x_i)$ 映像；第二步，计算机执行某种运算完成由 $f(x_i) \rightarrow C(X)$ 类别的映像。此过程实际上就是传统的统计模式识别进行物体识别时所采用的一般方法，具体来说就是特征提取和分类函数的设计问题。

基于汉字统计规律分析的统计特征提取方法，包括 Fourier 变换法、Moment 不变矩、网格特征、像素点分布特征等。

统计法抽取特征的过程比较容易，抗干扰性能较好，缺点是没有充分利用模式的结构特性。我们很难比较一个物体中哪些特征是实质性和具有代表性的，哪些特征可能是不重要的或与识别无关的，这不得不需要大量的实验和理论指导。

特征提取关系到支持向量机分类效果，本书采用结构特征作为甲骨文字的基本特征，主要包括构件、构件方位和构件层级。在进行特征匹配时采用汉字特征匹配常用的模糊属性自动识别法。

设 U 为给定的待识别对象全体的集合，U 中的每一个物件 u 有 p 个特征指针 $\{u_1, u_2, u_3, \cdots, u_p\}$。每个特征指针刻画了对象 u 的某个特征，有 p 个特征指针确定的对象 u 可记为特征向量 $u = (u_1, u_2, u_3, \cdots, u_p)$，设识别对象 U 集合可分成个 n 类别，每个类别均为 U 上的一个模糊集，记做 A_1，$A_2, A_3, \cdots, A_n$，则称它们为模糊模式。模糊属性自动识别就是把对象 $u = (u_1, u_2, u_3, \cdots, u_p)$ 划归到与其最相似的一个类别 A 中去。

4.4.4　支持向量机学习及分类

4.4.4.1　支持向量机学习

本书采用的是一对一分类算法，相似字集个数为 109。如果再考虑每个字的多个异形体，会有很多书写风格不同的样本，分类器的数量会大幅增加且难以设计，这样机器学习起来难度就会增大。可以考虑先将存在多个异形体的样本合并为一个样本，这个样本的某个特征点是该字所有样本在该特征点上的平均值。经合并后系统可以减少利用内存，加速分类。

4.4.4.2 支持向量机分类

SVM 首先将所有类别分成两个子类，再将子类进一步划分成两个次级子类，如此循环下去，直到所有的节点都只包含一个单独的类别为止，这样就得到一个倒立的二叉分类树，此节点也是二叉树中的叶子。二叉树方法可以克服传统方法所遇到的不可分问题，而且相对于其他基于 SVM 的多分类个数较少，对于 k 类分类问题只需构造 $k-1$ 个 SVM 分类器即可，所以识别速度较快。

二叉树的结构主要有两种：一种是在每个内节点处，由一个类与剩下的类构造分割面，直至到达某一叶节点为止；另一种是在内节点处，可以是多个类与多个类的分割，从根节点开始计算决策函数，根据值的正负决定下一节点，如此下去，直至到达某一叶节点为止。叶节点所代表的类别就是测试样本的所属类别。

字形是指一个汉字中彼此有一定间隔的几个部件之间的位置关系，它的划分是基于对汉字整体结构的认识。组成汉字的部件有固定的拓扑关系，无论对于手写体还是印刷体汉字，字形都是一项稳定的特征，所以可以根据部件位置关系对汉字字形分类。对于甲骨文的识别也是如此，同一个甲骨文字，虽然写法各异，但其本质特征是不变的。

根据甲骨文专家研究，甲骨文是由有限的相对稳定的基础构件以一定的组合模式和组合层次组成了一定数量的单字，个体字符之间既不是孤立的，也不是杂乱的，而是按照一定的构形规律相互联系，相互区别，形成了一个有序的符号系统。本书所用数据均取自安阳师范学院计算机与信息工程学院甲骨文信息处理重点实验室，对实验室收集的甲骨文字进行分析，可以将其分为独体字、左右、上下、包围等 11 种字形结构。

对甲骨文字进行逐层分解时，采用的规则为：首先对甲骨文字数学表达式做整体判断，若为独体字（不可分解），则不再分解；否则对合体字形（可分解为若干个部件）分解。对合体字形的分解，按照先左右后上下，最左（上）部分为左（上）部，其余为右（下）部的顺序进行。

综合上述，本书采用 SVM 并按字形结构特征对甲骨文字符集进行粗分类，得到粗分类二叉树如图 4-9 所示。

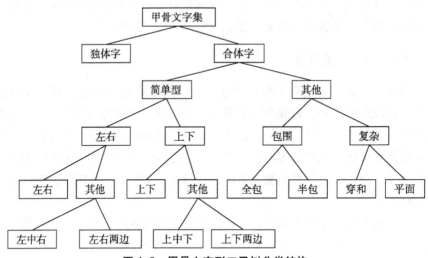

图 4-9　甲骨文字形二叉树分类结构

基于 SVM 的二叉树算法分为训练和分类两个阶段。在训练阶段，通过对训练样本集的学习，可以得到 SVM 分类器的判别函数，算法如下。

①计算训练样本集的类别数 N。

②如果 $N \geqslant 2$，转到步骤③；否则停止训练。

③把训练样本集分为两个子集 SetA 和 SetB。

④对 SetA 样本赋予标号+1，SetB 样本赋予标号-1，用此二类样本训练一个 SVM。

⑤如果 SetA 中只含有一个类别，就以 SetB 为训练样本集，转到步骤①；否则，设置标志（作为 SetA 训练完成后，训练 SetB 的起点），再以 SetA 为训练样本集转算法步骤①。

在分类阶段，根据判别函数的输出结果选择进入二叉树的其中一个节点，当到达叶子节点时就可以得到测试样本的所属类别。分类阶段主要完成以下几步工作。

①把测试数据输入二叉树的根节点。

②判断是否是叶子节点，如果是，转入步骤⑥；否则转入步骤③。

③把测试数据输入训练好的 SVM，如果 SVM 输出+1，则转入步骤④；否则转入步骤⑤。

④进入该节点的左孩子节点，并转到步骤②。

⑤进入该节点的右孩子节点，并转到步骤②。

⑥得到测试数据所属类别。

4.4.4.3 相似字区分

在一般的模式识别系统中，某些字之所以存在识别率低的现象，主要是因为存在相似字。相似字集是一个模糊的概念，一般是指两个或多个汉字从形状上接近。为了提高识别率，经常在完成文字识别后，再利用上下文信息或区分相似字来提高识别率，对于甲骨文字形库中的单字，利用上下文信息是不可能的，所以可通过区分相似字来提高识别率。

（1）区分相似字的一般算法

部分空间法是区分相似字的原理性方法，主要用来比较相似字间相互区别的部分。样本被输入后，首先用普通的方法进行识别，如果在主要候选字中，如第一、第二候选字，包含某个相似字字组中两个以上的字，就用部分空间法重新进行识别。其缺点是需要先人工确定相似字字组，然后针对每个词组选择采用的部分空间。选择部分空间，实际上就是从原特征向量中选出若干维特征，构成新的特征向量。

蔺志青等提出了一种新的方法，即用普通方法识别后，如果第一候选字和第二候选字的标准特征向量的类似度超过某个阈值，便只选取数值相差较大的各维特征组成新的特征向量重新进行识别。这种方法无须实现人工确定相似字组，也无须事先针对某个字组选择部分空间。但这种方法特征选取单一，适应性差，算法需要通过反复实验确定阈值，缺少有效的理论指导。

（2）支持向量机区分相似字

支持向量机是 Vapnik 等根据统计学习理论提出的一种学习方法，近年来在模式识别、回归分析和特征提取等方面得到了较多的应用。支持向量机方法根据 Vapnik 的结构风险最小化原则，尽量提高学习机的泛化能力。鉴于此，李平提出基于支持向量机的部分空间法来区分相似字，取得了很好的实际效果。本书考虑支持向量机与部分空间法相结合：对甲骨文字进行多角度的提取特征，利用支持向量机良好的分类能力进行相似字识别。实验证明，将此方法用于甲骨文相似字的区分也能收到良好的效果。其中，相似字按照已生成的数学表达式进行比较可分成若干类，每个类别提取各相似字间相互区别的地方作为特征。支持向量机区分相似字的算法流程如图 4-10 所示。

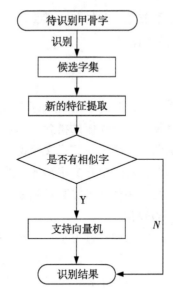

图 4-10 支持向量机区分相似字的算法流程

根据所生成的数学表达式特点，经过仔细分析，并根据相似字之间的差别，可将相似字分成若干类，如""和""，穿插人字的构件的位置不同。""和""，上部横的长短不同。

支持向量机相关理论我们在 4.1 和 4.2 节已做了介绍，在此不再详述，下面主要谈一下利用支持向量机区分相似字的方法。这里采用一对一组合进行分类。

设 $u\ (x_1,\ x_2,\ x_3,\ \cdots,\ x_n)$，$u'\ (y_1,\ y_2,\ y_3,\ \cdots,\ y_n)$ 分别为两个特征向量，于是距离公式记为：

$$dist(u,\ u') = \sum_{i=1}^{n} a_i IsEqual(x_i,\ y_i), \qquad (4-36)$$

其中，a_i 表示第 i 个分量的权值。

$$IsEqual(x_i,\ y_i) = \begin{cases} 1, & \text{如果 } x_i \neq y_i \\ 0, & \text{如果 } x_i = y_i \end{cases}, \qquad (4-37)$$

其中，u_0 是待识汉字的新特征，u_1 是识别结果第一候选字的新特征，u_2 是识别结果第二候选字的新特征，若等式 $1-\varepsilon \leqslant dist\ (u_0,\ u_1)\ /dist\ (u_0,\ u_2) \leqslant 1+\varepsilon$ 成立，则利用支持向量机进行相似字区分。其中，相似度有效范围为

$(1-\varepsilon,\ 1+\varepsilon)$。

4.4.5　系统实现

　　本书根据系统的功能需求，建立了系统分析模型，设计出系统的具体功能模块并通过界面呈现。

　　①用户管理模块：完成用户账号信息的管理、用户权限的分配；

　　②基础数据管理模块：完成对甲骨文字构件、位置等相关辅助数据管理的功能；

　　③查询模块：实现对甲骨字及其构件的查询功能；

　　④数据预处理模块：实现对输入甲骨文字进行构件和位置方面的分析并生成表达式的功能；

　　⑤分类模块：实现基于甲骨文字结构相似性分类的功能；

　　⑥数据备份和恢复模块：完成重要数据库数据的备份和恢复。

　　图 4-11 是甲骨文研究人员登录后使用的功能模块。

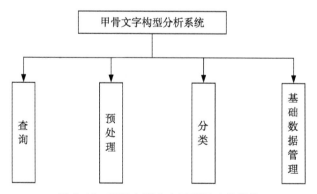

图 4-11　甲骨文研究人员登录功能模块

　　结合系统的功能需求设计出了数据库的结构，系统的主要数据库表包括用户权限表 quanxian、用户表 yonghu、一级构件表 firstlevel、二级构件表 secondlevel、拆字表 chaizi、字库表 ziku、编辑位置表 bianjiweizhi 等。最重要的是构件表（存储甲骨文的一级和二级构件）、拆字表（存储拆字的相关信息）及字库表（存储字的相关信息，如甲骨原字、其对应的简体字、繁体字、隶定字等），分别如表 4-5 至表 4-8 所示。

表 4-5 一级构件表

序号	字段名	类型	说明	键
1	ID	CHAR	一级构件编号	主键
2	Component	VARCHAR	一级构件	
3	bz	TEXT	备注	

表 4-6 二级构件表

序号	字段名	类型	说明	键
1	ID	CHAR	二级构件编号	主键
2	Component	VARCHAR	二级构件	
3	bz	TEXT	备注	

表 4-7 拆字表

序号	字段名	类型	说明	键
1	bh	CHAR	甲骨字编号	主键
2	character	VARCHAR	甲骨字	
3	firstlevel	VARCHAR	一级构件	
4	secondlevel	VARCHAR	二级构件	
5	expression	VARCHAR	数字表达式	
6	bz	TEXT	备注	

表 4-8 字库表

序号	字段名	类型	说明	键
1	bh	CHAR	甲骨字编号	主键
2	jgz	VARCHAR	甲骨字	
3	ftz	VARCHAR	繁体字	
4	ldz	VARCHAR	隶定字	
5	jtz	VARCHAR	简体字	
6	jw	VARCHAR	金文	
7	xz	VARCHAR	小篆	
8	bz	TEXT	备注	

本书将分类模块的功能界面制成如图 4-12 所示。在该界面中，在字后面的文本框中输入一个现代汉字，点击"近似字查找"，即可以得出其对应的甲骨文及对应的简体字形式。如果其演变成金文和小篆，则将对应的形式一并显示出来。如果得到的近似字比较多，可以通过"上一页"和"下一页"按钮来实现翻页查看。图 4-13 为输入"明"字后进行查询的结果。输入"明"字后的分类界面如图 4-14 所示。

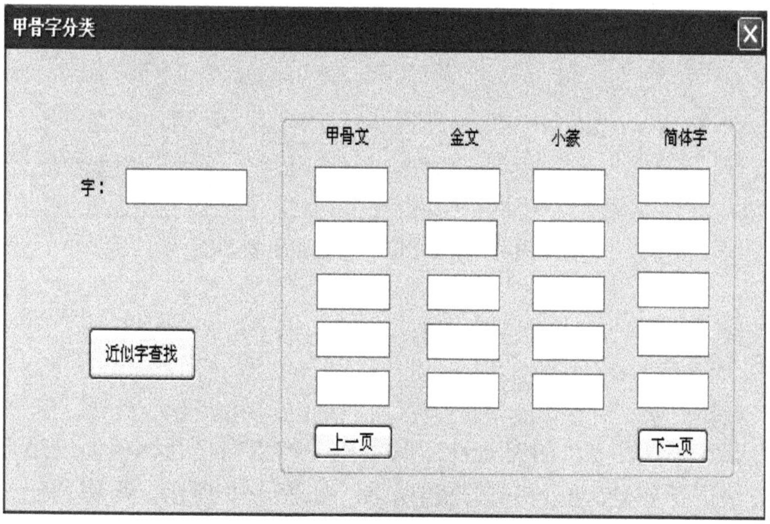

图 4-12　分类模块界面

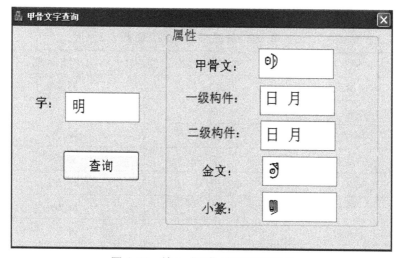

图 4-13　输入"明"字后查询界面

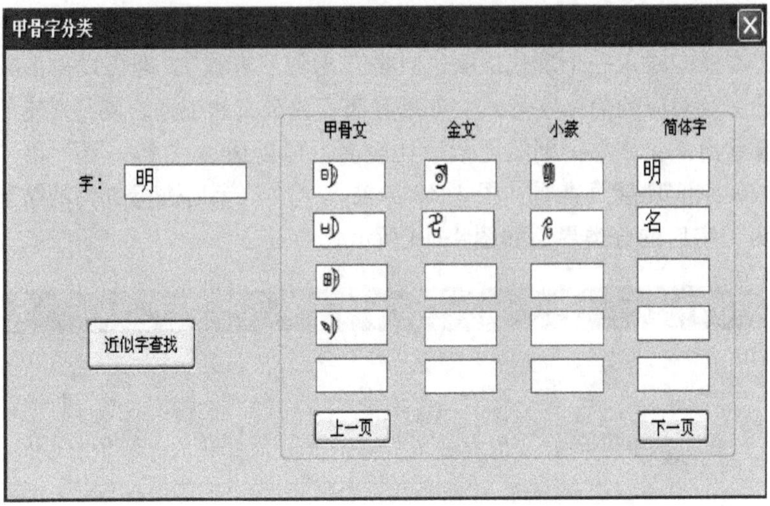

图 4-14 输入"明"字后的分类界面

4.4.6 结果

为了验证分类方法的有效性，取字库中的数据进行试验，先用普通的 SVM 方法进行分类，得到一个分类结果，如表 4-9 所示。再用基于二叉树的 SVM 方法分类得到新的结果。取 400 个字中任意 160 个作为训练数据，其余作为测试数据，结果如表 4-10 所示。

表 4-9 普通 SVM 分类正确率

类别	样本数/个	分类正确率
独体	50	85.2%
左右	68	86.1%
左中右	34	90.2%
左右两边	20	85.6%
上下	67	87.3%
上中下	41	88.6%
上下两边	19	91.3%
全包	56	86.5%

类别	样本数/个	分类正确率
半包	69	90.5%
穿合	22	85.4%
平面	15	84.9%

表 4-10　二叉树 SVM 分类正确率

类别	样本数/个	分类正确率
独体	50	87.2%
左右	68	86.9%
左中右	34	90.8%
左右两边	20	86.6%
上下	62	87.9%
上中下	41	88.7%
上下两边	19	91.6%
全包	56	87.5%
半包	69	91.4%
穿合	22	85.9%
平面	15	85.5%

从表 4-9 和表 4-10 可以看出，采用二叉树 SVM 方法识别率有所提高，这说明基于二叉树的 SVM 分类方法有一定的效果，考虑对字形特征做进一步详细分析和标注，相信效果会更显著。

为了验证本书提出的相似字区分方法的有效性，取字库中的数据进行试验，先用普通的识别方法对其进行识别，得到一个识别结果，再用基于支持向量机的部分空间法重新识别得到新的结果。取 109 类相似字中的任意 120 个作为训练数据，其余作为测试数据，结果如表 4-11 所示。

表 4-11　系统识别率

分类	相似字区分前识别率	相似字区分后识别率
测试数据	89.16%	89.69%
训练数据	88.56%	89.01%
全体数据	86.14%	86.53%

从表 4-11 可以看出，系统采用基于支持向量机的部分空间法后虽然显示结果不太明显，然而识别率仍然有所提高，这说明基于向量机的部分空间法有一定的效果，下一步考虑对字形特征做进一步详细分析和标注，相信效果会更显著。

4.5　总结与展望

本章对实现基于支持向量机的甲骨文字形结构分析分类的相关技术进行了研究，首先，介绍了支持向量机技术的基本理论知识及其优点，并对其分类问题进行了概述，详细介绍了分类系统中各模块的具体实现，分析了预处理时涉及的相关知识，如数字表达式生成时使用的构件、构件方位和构件层级等特征。其次，对所用到的特征选择和区分相似字的方法重点做了介绍；在实现分类时，提出了利用基于支持向量机的部分空间法来区分相似甲骨字，取得了较好的效果；结合系统的实现，对支持向量机技术在甲骨文字形分类中的应用进行了分析。最后，给出了系统部分功能的相关界面及使用说明。

但是由于甲骨字很多都有异体字，给标注带来了极大难度。另外，在人工加工时，对构件及其方位的理解标准不能统一。下一步我们将不断扩充和完善字形库的内容，为后继工作打下坚实基础。甲骨字的字形比较乱，很不规范，导致提取的特征不够稳定，特征提取的方法有待进一步改善，由于有的甲骨字异体字比较多，本书在处理时都将其当成一个字。在分类时困难较大，尤其是在查找相似字时，只是把某个字的异体字都当成一种结构，致使准确度下降。接下来将根据这一问题考虑如何选取更有效的分类特征与支持向量机技术相结合，并利用人工智能及推理机技术实现对未释甲骨字提供可能性建议。这有待于进一步的学习，同时结合甲骨文考释专家提出的需求对系统不断完善，最终达到为待考释甲骨字提供更多的可能性这一目标。

参考文献

［1］ 李平. 联机手写汉字特征合并与相似字区分算法研究［D］. 武汉：华中科技大学，2008.

［2］ 刘永革，栗青生. 可视化甲骨文输入法的设计与实现［J］. 计算机工程与应用，2004（17）：139-140.

［3］ VAPNIK V. 统计学习理论的本质［M］. 张学工，译. 北京：清华大学出版社，2000.

［4］ VAPNIK V. 统计学习理论［M］. 许建华，张学工，译. 北京：电子工业出版社，2004.

［5］ 黄昌宁，李涓子. 语料库语言学［M］. 北京：商务印书馆，2002.

［6］ 陈良育. 基于图形理解的汉字构形自动分析系统［D］. 上海：华东师范大学，2005.

［7］ YUAN Y TANG, LO-TANG TU, SEONG-WHAM LEE, et al. Offline recognition of Chinese handwriting by multifeature and multilevel classification［J］. IEEE transations on pattern analysis and machine intelligence, 1998, 20（5）：556-561.

［8］ CHENG-LIN LIU, YING-JIAN LIU, RU-WEI DAI. Preprocessing and statistical/structural feature extraction for handwriten numeral recognition, in *progress of Handwriten Recognition*, Downton& Impedovo（Eds）［J］. World scientific, 1997, 5（2）：315-320.

［9］ 边肇祺，张学工，等. 模式识别［M］. 北京：清华大学出版社，2004.

［10］ 邓乃扬，田英杰. 数据挖掘中的新方法：支持向量机［M］. 北京：科学出版社，2004.

［11］ 刘方园，王水花，张煜东. 支持向量机模型与应用综述［J］. 计算机系统应用，2018, 27（4）：1-9.

［12］ 杨文敏，李保利. 自然语言文本中不确定性信息的自动识别［J］. 计算机系统应用，2015, 24（2）：155-158.

［13］ 张虎，谭红，钱宇华，等. 基于集成学习的中文文本欺骗检测研究［J］. 计算机研究与发展，2015, 52（5）：1005-1013.

［14］ RYU J, KOO HI, CHO NI. Word segmentation method for handwritten documents based on structured learning［J］. IEEE signal processing letters, 2015, 22（8）：1161-1165.

［15］ 彭艳兵，关韵竹. 基于区域特征与支持向量机的场景文字定位算法［J］. 计算机与现代化，2016（12）：87-91.

［16］ YI CHUCAI, TIAN Y YINGLI. Text string detection from natural scenes by structure-based partition and grouping ［J］. IEEE transactions on image processing, 2011, 20 (9)：2594-2605.

［17］ NEUMANN L, MATAS J. Text localization in real-world imagesusing efficiently pruned exhaustive search ［C］// Interna-tional Conference on Document Analysis and Recognition. 2011：687-691.

［18］ 王宁，郑振蜂. 甲骨文字构形系统研究 ［M］. 上海：上海教育出版社，2006.

［19］ 肖斌. 基于 SVM 的脱机手写体汉字识别研究 ［D］. 成都：西华大学，2009.

［20］ 江铭虎，邓北星，廖盼盼，等. 甲骨文字库与智能知识库的建立 ［J］. 计算机工程与应用，2004（4）：45-47，60.

［21］ 张文生，丁辉，王环. 基于邻域原理计算海量数据支持向量的研究 ［J］. 软件学报，2001，12（5）：711-720.

［22］ 孙剑，郑南宁，张志华. 一种训练支撑向量机的改进贯序最小优化算法 ［J］. 软件学报，2002，13（10）：2007-2013.

［23］ 周水生，周利华. 训练支持向量机的 Newton 低维算法 ［J］. 系统工程与电子技术，2004，26（9）：1315-1318.

［24］ 李建民，张拔序，林福宗. 序贯最小优化的改进算法 ［J］. 软件学报，2003，14（5）：918-924.

［25］ 郭崇慧，孙建涛，陆玉昌. 广义支持向量机优化问题的极大嫡方法 ［J］. 系统工程理论与实践，2006，25（6）：27-32.

［26］ 王建新. 计算机语料库的建设与应用 ［M］. 北京：清华大学出版社，2005.

［27］ 顾绍通，马小虎，杨亦鸣. 基于字形拓扑结构的甲骨文输入编码研究 ［J］. 中文信息学报，2008，22（4）：123-128.

［28］ 金钟赞，程邦雄. 孙诒让的甲骨文考释与《说文》小篆 ［J］. 语言研究，2003，23（4）：78-85.

［29］ SERGIOS THEODORIDIS, KONSANTIONS KOUTROUMBAS. 模式识别 ［M］. 2 版. 李晶皎，朱志良，王爱侠，译. 北京：电子工业出版社，2004.

［30］ 何婷婷. 语料库研究 ［D］. 武汉：华中师范大学，2003.

［31］ 栗青生，杨玉星. 甲骨文检索的粘贴算法 ［J］. 计算机工程与应用，2008，44（28）：140-142.

［32］ 吴琴霞，刘永革. 基于 XML/Schema 甲骨文语料库语料标注的研究 ［J］. 科学技术与工程，2009（9）：5185-5188.

［33］ 吕肖庆，李沐楠，蔡凯伟，等. 一种基于图形识别的甲骨文分类方法 ［J］. 北京信息科技大学学报，2010，25（22）：92-96.

［34］ 鄢格斐，顾绍通，杨亦鸣. 基于数学形态学的甲骨拓片字形特征提取方法 ［J］. 中文信息学报，2013，27（2）：79-85.

［35］ 龙肪，李涓，王作英. 基于语义依存关系的汉语语料库的构建 ［J］. 中文信息学报，2003，17（1）：46-53.

［36］ 王生新. 基于支持向量机的文本分类研究 ［D］. 哈尔滨：哈尔滨工程大学，2007.

[37] 蔺志青, 郭军. 一种相似汉字的识别算法 [J]. 中文信息学报, 2001, 16 (5): 44-48.

[38] BYUN H, LEE S W. Applications of support vector machines for pattern recognition: a survey [C] //In: Proceedings of the First International Workshop on Pattern Recognition with Support Machines. Niagara Falls, 2002: 213-236.

[39] FRANCIS E H, CAO L J. Application of support vector machines in financial time series forecasting [J]. The international journal of management science, 2001, 29 (4): 309-317.

[40] SUYKENS J A, VANDEWALLE J, DE MOOR B. Optimal control by least squares support vector machines [J]. Neural network, 2001, 14 (1): 23-35.

[41] DE KRUIF B J, DE VRIES T. On using a support vector machine in learning feed-forward control [C] //In: Proceedings ofIEEE/ASME International Conference on Advanced Intelligent Mechatronics. Como, 2001: 272-277.

[42] 李学勤. 甲骨文同辞同字异构例 [J]. 江汉考古, 2000 (1): 30-32.

[43] 马如森. 殷墟甲骨学 [M]. 上海: 上海大学出版社, 2007.

[44] CRISTIANINI N, SHAWE-TAYLOR J. 支持向量机导论 [M]. 李国正, 王猛, 曾华军, 译. 北京: 电子工业出版社, 2004.

第 5 章

基于支持向量机的甲骨拓片图像处理研究

5.1 引言

自甲骨文发现以来，大批学者从事甲骨文方面的研究，取得了丰硕成果，也出版了大量著录（图 5-1），著录中拓片文字成为研究甲骨文最原始的数据资料之一。目前对甲骨文的研究主要以甲骨文合集上甲骨原型拓片为基础，其中基于字形的理论研究和方法在甲骨文考释中起着很重要的作用，然而在进行甲骨文研究时，很多学者还是通过手工提取甲骨拓片上的文字做进一步研究，误差大、效率低，并且甲骨文字与现代汉字无论在字形上还是语义语法上都存在着显著的区别。首先，研究对象为拓片上的甲骨文，拓片年代久远，很多已经破损，字迹模糊。其次，拓片字形外部轮廓不齐，具有

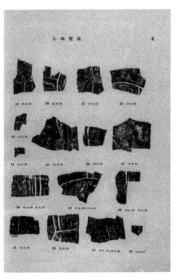

图 5-1　扫描著录图片

图画特征，大小不一甚至有些只剩笔画。最后，拓片受扫描分辨率的影响会引起不少的质量问题；而普通汉字一般具有标准的笔画。甲骨著录的数字化建设为甲骨文研究提供了方案，对于已扫描到计算机上的甲骨著录和拓片，若能采用图像处理技术对拓片上的甲骨文字进行自动处理和识别，需要先对拓片上的单字进行定位及分割，定位的好坏将直接影响到拓片上甲骨文字的识别率。

5.1.1　常见基于计算机视觉的文本定位方法

现今由计算机自动对图像某个区域的定位有很多方法，其中常见的有模板匹配定位法、几何特征（如边缘特征）定位法、小波变换定位法等。这些方法都广泛应用于人脸检测、期刊图像文件处理系统、车牌识别等领域。目前，基于计算机视觉的现代文本检测技术发展迅猛，针对背景复杂、文本多样的自然场景图像的检测技术也有了很大的发展，针对自然场景图片进行的定位一般有以下两类方法：一类方法通过使用多尺度滑动窗扫描图像，得到大量候选窗口，从中筛选出带文本的窗口，然后进行文本特征的提取，方法适用于多种目标，但计算量较大；另一类方法将图片分割成若干连通域，然后排除不可能是文本的区域，如 SWT 和 MSER，连通域法优点在于可以不受文本方向限制，并且能识别多尺度的文本，但缺点是效果受像素级噪声的影响很大。

5.1.2　甲骨文图形研究现状

甲骨文图形研究也出现了不少尝试，目前大部分甲骨文信息处理方面的研究主要以甲骨文著录上甲骨原型拓片为基础，周新伦等提出将甲骨文字抽象为无向图，利用其拓扑特征和广义笔画特征进行识别。首先，将待识字符抽象为一种图，并提取其拓扑特征进行第一级识别，拓扑特征主要有：端点、叉点、块、孔 4 种；其次，给出一种广义笔画定义，并在此基础上提取有关的特征进行第二级识别。实验结果表明，本文提出的算法，其识别率达94%。其中第一级识别的准确率达97%，第二级识别的准确率达95%，第一级识别分类数目与各类中对应的重码个数的分布如表 5-1 所示。

表 5-1　分类数与各类中对应的重码个数的分布

重码数	1	2	3	4	5	6	7	8	9
分类数	981	99	58	46	23	23	19	11	6
重码数	10	11	12	13	14	15	16	17	18
分类数	4	6	5	3	5	2	2	1	6
重码数	19	20	22	24	27	30	33	35	
分类数	1	1	1	1	1	1	1	2	

　　酆格斐等将数学形态学应用到拓片文字进行特征提取；首先对原始甲骨拓片图形进行预处理，其次再应用数学形态学方法对甲骨拓片进行图像处理和分析，提取出 12 项指标用于表现甲骨拓片字形特征，并构造了一个基于数学形态学方法的甲骨拓片字形特征提取系统。主要包括预处理、数学形态学处理和特征提取等部分。

　　①预处理。包括经输入设备（扫描仪）采集甲骨拓片点阵位图，对甲骨拓片图像进行二值化、去噪点等处理。

　　②数学形态学处理。对甲骨拓片进行数学形态学处理，获得去外框图、凸包图、特殊四边形图、骨架图、连通图和笔宽权值图。

　　③特征提取。计算甲骨拓片图像的字形特征，即提取既能充分反映甲骨拓片字形的笔画线条风格，同时又相对稳定的特征。

　　基于数学形态的甲骨拓片字形特征提取过程如图 5-2 所示。

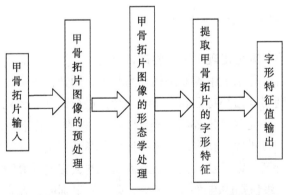

图 5-2　基于数学形态学的甲骨拓片字形特征提取过程

　　对甲骨拓片进行形态学图像处理提取字形特征的主要过程为：首先，对单个甲骨拓片字体去噪声点后二值黑白图像进行图像处理，获取外接矩形并得到去外框图；其次，根据甲骨字形分布各异的特征，进行凸包图和特殊四边形图处理，针对笔画细瘦直线线条特征提取骨架图，根据笔画区域连通特征提取连通图，以及针对笔画宽度均衡特征提取笔宽权值图，分别进行甲骨拓片图像的数学形态学处理过程，如图 5-3 所示。

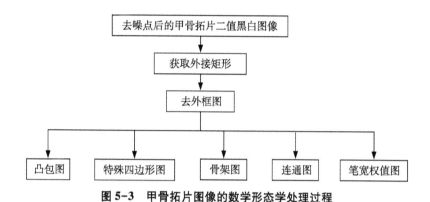

图 5-3　甲骨拓片图像的数学形态学处理过程

经过去外框图处理得到的单个甲骨字体的二值图像，提取此二值图像的外接矩形，计算外接矩形的宽高比例，字体与外接矩形面积比，水平、垂直方向相对重心位置等 12 项特征，实现的系统界面如图 5-4 所示。

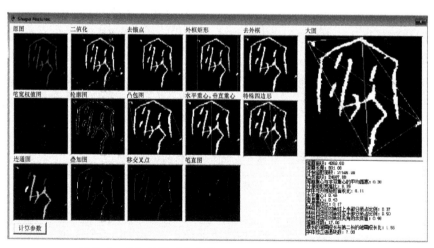

图 5-4　基于数学形态学的甲骨拓片字形特征提取系统

利用基于数学形态学的甲骨拓片字形特征提取系统，处理并计算样本及各检材标本的 12 种甲骨拓片字形特征取值。针对检材库分别计算 12 种字形特征标准的阈值，利用线性函数转换将各字形特征值进行归一化，并计算归一化后各检材标本与样本字形特征值之间的欧式距离 d 和余弦相似度 Sim，从而进行甲骨拓片字形的相似度匹配，并将具有最小欧式距离和最大余弦相似度的甲骨文字作为最相近的检材结果。

实验证明字形特征作为甲骨文字识别标准，可以较好地将具有相似字形特征的甲骨文字检索出来，具有很高的识别率和代表性，说明此方法提取出的字形特征能较好地反映甲骨文字的笔画形态和结构。

吕肖庆等提出一种基于曲率直方图的傅里叶描述子，实现了小范围甲骨文的分类：首先，将甲骨文的文字轮廓提取出来后，需要计算轮廓上各点尽可能准确的曲率。其次，利用各采样点与中心点的距离和角度关系构造直方图。为了进一步提炼曲率直方图中蕴含的特征信息，对其进行了二维傅里叶变换，最终得到基于曲率直方图的傅里叶描述子 FDCH 具有平移、旋转、尺度不变性。最后，直接采用了支持向量机的成熟算法进行分类。实现的主要过程是：采用新的描述子计算出每个甲骨文文字的特征向量，根据训练样本计算出相似度的阈值，然后将其用于测试集中甲骨文文字的分类实验。

为了验证结果的准确性，吕肖庆等选择了部分甲骨文文字的图片进行分类实验，一个典型实例中包含了 8 个古文字，"保，禾，牛，女，人，天，羊，祝"的相关图片，每个古文字选择了 30 张图片作为一类，每类选择 20 张图片用作训练，其余 10 张用作测试。选择本书提出的 FDCH 作为分类实验的特征，共 125 维。并采用 LIB-SVM 分类工具进行分类，分类器采用 LIB-SVM 2.6 版本，选取 RBF 核，参数 c 取 2，g 取 2。最终的分类正确率达到了 90%，即 80 张测试图片中有 72 张分类正确，具体每类的分类结果如表 5-2 所示。

表 5-2　8 类古文字图片各自的分类结果

甲骨文文字	分类错误数/张	分类正确率
保	2	80%
禾	0	100%
牛	1	90%
女	0	100%

续表

甲骨文文字	分类错误数/张	分类正确率
人	1	90%
天	0	100%
羊	2	80%
祝	2	80%

栗青生等利用字形动态描述的方法实现了甲骨文的输入；同时，栗青生等利用将甲骨文转化为无向图的算法进行甲骨文的识别；高峰等做出了基于语义构件的甲骨文模糊字形识别方法的尝试。尽管这些尝试使得甲骨文在图形处理方面出现了一些成果，然而都缺少对甲骨拓片图像的较完整的处理，距离实用还有距离。特别是，研究均需建立在从原始拓片上检测到单个甲骨文字的基础上（图 5-5）。因此，拓片单字检测成为甲骨文信息处理中的关键问题之一。

待处理甲骨文字

图 5-5　检测到单个文字

5.1.3　甲骨拓片单字检测和定位方法

甲骨著录上拓片的字符定位与检测是指从各种不同甲骨著录的不同拓片中检测到有字存在，并确定其准确位置及有效区域的过程。目前甲骨文字符定位和检测研究工作还比较少，史小松等通过选取合适阈值对原始甲骨拓片上的文字进行粗略分割，然后运用形态学方法实现精细定位，最后取得了较好的定位结果。目前，甲骨文字符定位面临的主要问题是：①甲骨年代久远，长期以来受损坏及扫描分辨率影响产生了复杂背景及严重噪声（图5-6）。②甲骨文文字大小差异大，一个字在描述形状复杂的实物时，往往会占用平常多个字的位置（图5-7）。③甲骨文的排列也和现代文字排版不同，有些字与字之间位置太近，视觉上容易被看成一个字；而有的单个字体较大，部件之间位置较远或不连通（图5-8）。如何在这样的实际条件下首先从已扫描著录上获得拓片位置，进一步有效定位拓片上甲骨文字符是一个具有挑战性的问题。

图5-6　噪声大　　　　　图5-7　各字大小不一　　　　图5-8　部件不连通

拓片上单字的成功定位和检测将会为著录上拓片文字的自动截取提供有力的手段和方法，对于自动保存著录上甲骨文单字符提供方法，更为进一步进行甲骨文字的识别和考释提供数据支持。

5.1.4　基于支持向量机的文本图像定位研究

支持向量机以统计学习理论为理论体系，通过寻求结构风险最小化来实现实际风险的最小化，追求在有限信息的条件下得到最优结果。对 SVM 的研究主要包括以下方面：①SVM 算法的改进；②多值分类的研究；③应用研究。目前，SVM 算法已广泛应用于分类、回归、密度估计、图像处理等领域，在手写字识别、人脸检测、文本自动分类等问题中，也都有 SVM 成功的应用。

数字图像处理是相对于模拟图像处理而言的。它的基本内涵是将模拟图像变为数字形式的图像，利用计算机技术对其进行存储、处理、传输、输出。数字技术和计算机技术的迅猛发展给数字图像处理提供了先进的技术手段，SVM 算法在图像处理领域的应用主要包括以下方面。

（1）图像过滤

一般的图像过滤软件主要采用网址库的形式来封锁某些网址或采用人工智能方法对接收到的中英文信息进行分析甄别。宋倩提出了一种基于图像内容与基于统计相结合的过滤方法，该方法通过比较正常邮件和垃圾邮件中包含的图像的相似性，来判断待分类邮件图像是否属于垃圾邮件。利用单张垃圾邮件图像的 R、G、B 三色作为输入空间，使用经过离散哈尔小波变换后图像的边缘特征作为输出空间，形成训练数据交给支持向量机训练，这样既充分利用了图像的颜色空间信息，也利用了图像的边缘特征信息，经过支持向量机训练后就能确定唯一的一张垃圾邮件图像，在此基础上对待定图像的 R、G、B 三色形成的工作数据进行处理，得到工作结果。图 5-9 所示即 SVM 的工作过程。

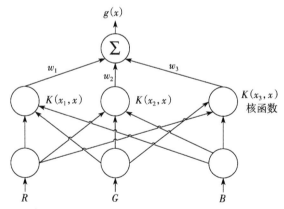

图 5-9　SVM 在图像垃圾邮件过滤中的工作过程

宋倩根据传统和新型图像垃圾邮件过滤思想设计了图像垃圾邮件过滤器，该过滤器主要分为两个部分，即训练阶段与工作阶段。这两个部分都包含一个预处理过程，在这个过程中使用离散哈尔小波变换对图像进行特征提取，形成支持向量机的训练数据。通过使用支持向量机训练，得到支持向量，此时把单张垃圾图像的特征和支持向量成对存储起来，这里称为一组训练数据对，在训练空间中有多少张垃圾图像就存储多少组训练数据对。在工作阶段使用待定图像形成工作数据，然后把一组训练数据对中的支持向量送入支持向量机中，形成垃圾图像支持向量机，再送入工作数据进行处理得到工作结果。这个结果就是待定图像在垃圾图像支持向量机上工作后得到的特征，最后与本组训练数据对中的特征比较，如果达到 61.8% 就视为垃圾图像，如果没有达到这一标准继续重复上面工作阶段的过程，直到遍历完所有组的训练数据对，以及找到特征相同率达到 61.8% 的图像就判定为正常邮件图像。图 5-10 是整个过滤器的基本工作流程。

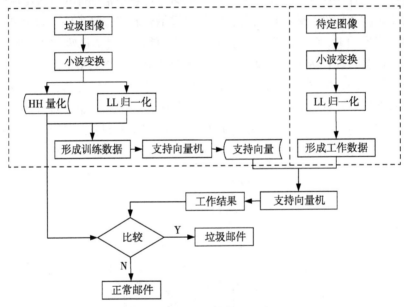

图 5-10　过滤器基本工作流程

　　为检验方法的可行性和效果，宋倩设计了 3 组实验：第 1 组实验，是对不同参数值下的高斯核函数支持向量机进行实验，通过评价指标进行对比，最后确定效果好的高斯核函数中的参数；第 2 组实验，是使用第 1 组中得出的高斯核函数的支持向量机与多项式核函数的支持向量机进行对比，分别评价各个指标的性能；第 3 组实验，是与其他现有方法进行对比，说明其实验效果如何。最后对 3 组实验结果进行分析，以验证本方法是否可行，第 1 组和第 2 组实验是在本书提出的数据集上进行的实验，第 3 组使用已有的数据集进行实验。评价标准使用误报率、正确率、精确率 3 项评价指标。

通过以上 3 组对比试验可以得出结论，高斯核函数在 $\sigma = 0.5$ 时的支持向量机的效果是最好的，此时的误报率是最少的，对用户正常的收发邮件的影响也是最小的，其他方面的性能也表现优良。通过第 2 组试验，可以看到在某一方面多项式核函数支持向量机的性能接近或超过高斯核函数支持向量机。通过使用以上 3 组对比试验，充分验证了方法的可行性，并且得到了比较好的表现。

（2）图像分类和检索

SVM 应用于图像分类中的研究较多，刘芳等针对单层稀疏自动编码器在特征学习时容易丢失深层抽象特征、特征缺乏鲁棒性的缺点，提出一种新的基于稀疏自动编码器和支持向量机的图像分类方法。

基本原理：

首先，构建深度稀疏自动编码器并进行训练，之后将测试图像输入训练好的深度稀疏自动编码器中，学习得到多个图像的特征集 S_1，S_2，S_3，…，S_n；其次，利用刘芳等提出的特征集权值重组法得到每层特征权值 W_1，W_2，W_3，…，W_n，将权值和对应的特征集重组得到新的特征集 T；最后，用训练图像训练线性 SVM 分类器，将 GA 强大的全局搜索能力和 SVM 分类优势结合，选择出 SVM 最优参数，完成图像分类。该算法的基本流程如图 5-11 所示。

SVM 分类过程中，选择合适的函数及参数，才能获得特定样本中具有最高分类性能的 SVM 分类器。刘芳等采用 GA 对 SVM 的参数寻优，进而提升 SVM 的分类性能。GA 是一种借鉴生物界进化规律演化而来的算法，是人工智能领域用于解决最优化的搜索启发式算法。GA 作为一种全局寻优算法，具有强鲁棒性，其强大的全局搜索能力和并行性搜索方式能在较短时间内选择出最优解，使种群的个体向着更好的解进化，具体步骤如下。

①确定种群大小、最大迭代次数等参数，随机产生初始化种群，生成种群个体。

②将种群中个体基因串解码为相应的核函数、核函数参数及错误惩罚因子，并带入 SVM 进行训练和测试。

③适应度函数计算初始种群中每个个体的适应度值。本书将测试样本中的 10 折交叉验证（10-fold cross validation）的分类准确率作为适应度函数值，并且保留当前种群中最优和最差个体。

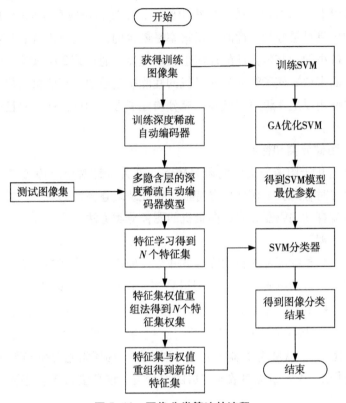

图5-11 图像分类算法的流程

④判断是否满足终止条件，若满足则终止迭代，得到最优个体，种群选出最优解；否则，执行第⑤步。

⑤执行选择、交叉和变异操作，采用自适应的交叉变异方法。

⑥计算新生成的子代种群中个体的适应度值，并保留当前种群中的最优和最差个体。

⑦执行最优保留，最差替换准则。

为了分析 GA 对图像分类准确率的影响，将经过 GA 优化后的 SVM 与未经过 GA 优化的 SVM 进行实验比较，结果如表5-3所示。从表中可以看出 GA 优化得到的参数应用到 SVM 中，分类器的分类效果明显优于未经过 GA 优化的 SVM 分类器。

表 5-3 SVM 分类器优化前后的分类率

SVM 分类器	CIFAR-10 分类率	MNIST 分类率
SVM 未优化	76.56%	97.19%
SVM 优化	79.25%	99.21%

为了更好地提取深层图像特征，构建了多隐含层的深度稀疏自动编码器，逐层对图像进行特征学习，实现了特征从形象描述到抽象表达的一种过程。为了提高图像的特征识别力及图像分类率，刘芳等提出特征集权值重组法，为了说明重组法在 DSAE-SVM（GA）算法中的作用，将该方法与各隐含层的特征集进行实验比较，比较结果如表 5-4 所示。从表中可以看出，随着隐含层层数增多，特征识别率提高，分类效果越好，特征集权值重组法的分类准确率高于稀疏自动编码器提取到的单个特征集的分类准确率。

表 5-4 各特征集的分类率

特征集	CIFAR-10 分类率	MNIST 分类率
S_1	70.19%	96.03%
S_2	72.98%	97.47%
S_3	76.56%	98.04%
$W_1 * S_1 + W_2 * S_2 + W_3 * S_3$	79.25%	99.21%

同时，将现有方法应用于不同数据库，方法分类性能均优于其他方法。

针对当前低分辨率图像增强和细节匹配方法具有细节易丢失、边缘模糊、无法适应图像平移、旋转等变化的弊端，从而导致图像增强与细节匹配性能低下的问题，黄勇杰等提出了一种新的基于机器学习的低分辨率图像增强和细节匹配方法。通过建立一个间隔最大的超平面，获取最小二乘支持向量机分类器。在待处理低分辨率图像中选择一块图像，将图像的每个 3×3 邻域像素看作一个训练样本，通过最小二乘支持向量机法对其进行训练，输出增强像素点。通过复数小波对图像特征进行描述，利用最小二乘支持向量机获取最优判定准则函数，输出最优匹配的目标子图像。

通过峰值信噪比（PSNR）、边缘保持指数（EPI）和等效视数（ENL）对方法的图像增强性能进行衡量。分别采用了基于机器学习的方法、直方图方法和拉普拉斯方法对研究的 1200 幅图像进行增强处理，对 3 种方法的 PSNR、EPI 和 ENL 均值进行统计比较，得到的结果用表 5-5 进行描述。

表 5-5　3 种图像增强性能比较结果

指标	本文方法	直方图方法	拉普拉斯方法
PSNR/dB	40.445	25.327	32.588
EPI	0.599	0.508	0.521
ENL	11.236	9.556	8.125

通过归一化均方误差（NMSE）、均值（μ）和方差（σ^2）对基于机器学习的方法的图像细节匹配性能进行衡量。分别采用基于机器学习的方法、直方图方法和拉普拉斯方法对研究的 1200 幅图像进行图像细节匹配处理，对 3 种方法的归一化均方误差、均值和方差的均值进行统计比较，得到的结果用表 5-6 进行描述。

表 5-6　3 种方法图像细节匹配性能比较结果

指标	本文方法	直方图方法	拉普拉斯方法
归一化均方误差	12.371	15.826	18.227
均值	139.6	139.5	138.8
方差	43.634	49.736	55.685

实验结果表明，基于机器学习的方法在峰值信噪比、边缘保持指数和等效视数等方面整体得到了提升，并使归一化均方误差、均值和方差较低。

但由于计算机自动抽取的图像特征和人们所理解的语义间存在巨大差距，图像检索结果难以令人满意。支力佳等针对通用型图像检索面对不同图像数据难以事先确定合适图像特征的问题，提出了基于对训练的排序支持向量机 [rank-SVM（support vector machine）] 的组合相似度检索算法，大幅增加了使用的图像特征、相似度的数量；并且针对实用情况，基于最大相关与最小冗余准则（max-relevance and min-redundancy，mRMR）选择相似度子集，作为排序支持向量机的输入，优化最终排序结果，提高了通用型图像检索系统的准确性，算法流程如图 5-12 所示。

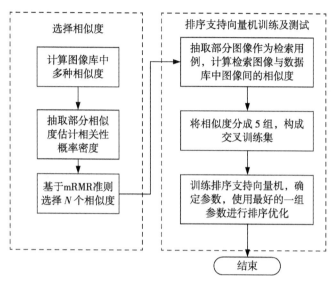

图 5-12　组合相似度检索算法的流程

尽管 SVM 应用于图像分类方面的研究很多，然而对于甲骨文这样的古文字分类和识别几乎没有 SVM 应用于其中的报道，其用于拓片图像处理、定位、检测等更是少见。在充分分析了目前各种汉字定位方法优缺点的基础上，结合甲骨文字不同于一般汉字的基本特征，本书将支持向量机应用于甲骨拓片图像的处理中，结合数字图像处理的基本方法，进行基于支持向量机的拓片甲骨文字的分析分割，并对拓片上单个甲骨文字进行定位方法的研究。下边先对数字图像处理的基本概念和方法进行阐述。

5.2　数字图像处理

5.2.1　数字图像处理的相关概念及应用

图像是客观世界直接或间接作用于眼睛并产生视知觉的实体，可以通过观测系统得到，包括照片、绘图、动画、视像及文档等不同方式。研究及应用图像时，人们更多时候关注的是其目标或前景（其他为背景），常常是图像中属性独特的、特定的区域。为了目标分析，先分离前景区域，再提取特征和测量等。

数字图像是相对于模拟图像而言的，模拟图像就是物理图像，人眼能够看到的图像，它是连续的。由于计算机无法直接处理模拟图像，数字图像应运而生。数字图像是模拟图像经过采样和量化使其在空间上和数值上都离散化，而形成的一个数字点阵。与模拟图像相比，数字图像的处理更灵活、传输更快、图像质量更稳定。

在计算机上对图像进行数字处理时，首先必须对其在空间和亮度上进行数字化，即图像的采样和量化。

采样：采样的实质就是要用多少点来描述一幅图像，采样结果质量的高低就是用前面所说的图像分辨率来衡量。简单来讲，对二维空间上连续的图像在水平和垂直方向上等间距地分割成矩形网状结构，所形成的微小方格称为像素点。一副图像就被采样成有限个像素点构成的集合。

量化：量化是指要使用多大范围的数值来表示图像采样之后的每一个点。量化的结果是图像能够容纳的颜色总数，它反映了采样的质量。其过程如图 5-13 所示。

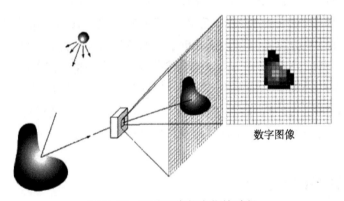

数字图像

图 5-13　物理图像数字化的过程

数字图像处理（digital image processing）又称为计算机图像处理，它是指将图像信号转换成数字信号并利用计算机对其进行处理的过程。数字图像处理的内容划分为两个主要类别：一类是其输入输出都是图像；另一类是其输入可能是图像，但输出是从这些图像中提取的属性，其结构如图 5-14 所示。

图像获取是数字图像处理的第一步。通常，图像获取阶段包括图像预处理，譬如图像缩放。

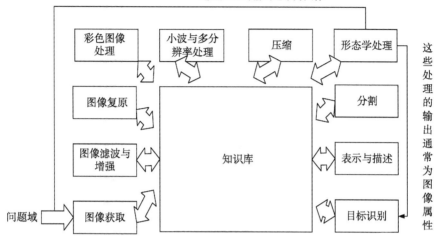

图 5-14　数字图像处理的一般步骤

　　图像增强和复原的目的是为了提高图像的质量，使其结果在特定应用中比原始图像更适合进行处理，如去除噪声、提高图像的清晰度等。图像增强不考虑图像降质的原因，突出图像中所感兴趣的部分。例如，强化图像高频分量，可使图像中物体轮廓清晰，细节明显；又如，强化低频分量可减少图像中噪声影响。图像复原要求对图像降质的原因有一定的了解，一般来讲应根据降质过程建立"降质模型"，再采用某种滤波方法，恢复或重建原来的图像。复原技术倾向于以图像退化的数学或概率模型为基础，而增强以什么是好的增强效果这种主观偏爱为基础。

　　彩色图像处理涉及许多彩色模型和数字域彩色处理的基本概念。彩色也是图像中提取感兴趣区域的基础。

　　小波是以不同分辨率来描述图像的基础。例如，可在图像数据压缩和金字塔表示中使用小波，此时图像被成功地细分为较小的区域。

　　压缩指的是减少图像存储量或降低图像带宽的处理。压缩可以在不失真的前提下获得，也可以在允许的失真条件下进行。编码是压缩技术中最重要的方法，它在图像处理技术中是发展最早且比较成熟的技术。

　　形态学处理涉及提取图像成分的工具，这些成分在表示和描述形状方面很有用处。形态学以几何学为基础，着重于研究图像的几何结构。

　　图像分割是将图像中有意义的特征部分提取出来，其有意义的特征包括图像中的边缘、区域等，这是进一步进行图像识别、分析和理解的基础。通常，自动分割是数字图像处理中最困难的任务之一。成功地把目标逐一分割出来是一个艰难的分割过程。一般来说，分割越准确，识别越成功。

图像描述是图像识别和理解的必要前提。作为最简单的二值图像可采用其几何特性描述物体的特性，一般图像的描述方法采用二维形状描述，它有边界描述和区域描述两种方法。对于特殊的纹理图像可采用二维纹理特征描述。随着图像处理研究的深入发展，已经开始进行三维物体描述的研究，提出了体积描述、表面描述、广义圆柱体描述等方法。

图像目标识别（分类）属于模式识别的范畴，其主要内容是图像经过某些预处理（增强、复原、压缩）后，进行图像分割和特征提取，从而进行判决分类。图像分类通常采用经典的模式识别方法，有统计模式分类和句法（结构）模式分类，近年来新发展起来的模糊模式识别和人工神经网络模式分类在图像识别中也越来越受到重视。

数字图像处理在国民经济的许多领域已经得到广泛的应用。农林部门通过遥感图像了解植物的生长情况，进行估产，监测病虫害发展及治理。水利部门通过遥感图像分析，获取水害灾情的变化。气象部门用以分析气象云图，提高预报的准确程度。国防及测绘部门，使用航测或卫星获得地域地貌及地面设施等资料。机械部门可以使用图像处理技术，自动进行金相图分析识别。医疗部门采用各种数字图像技术对各种疾病进行自动诊断。在通信领域，传真通信、可视电话、会议电视、多媒体通信，以及宽带综合业务数字网（B-ISDN）和高清晰度电视（HDTV）都采用了数字图像处理技术。

图像处理技术的应用与推广，使得计算机视觉或机器视觉迅速发展。计算机视觉实际上就是图像处理加图像识别，要求采用十分复杂的处理技术，需要设计高速的专用硬件。对图像进行处理（或加工、分析）的主要目的有以下3个方面。

①提高图像的视感质量，如进行图像的亮度、彩色变换，增强、抑制某些成分，对图像进行几何变换等，以改善图像的质量。

②提取图像中所包含的某些特征或特殊信息，这些被提取的特征或信息往往为计算机分析图像提供便利。提取特征或信息的过程是模式识别或计算机视觉的预处理。提取的特征可以包括很多方面，如频域特征、灰度，或颜色特征、边界特征、区域特征、纹理特征、形状特征、拓扑特征和关系结构等。

③图像数据的变换、编码和压缩，以便于图像的存储和传输。

不管是何种目的的图像处理，都需要由计算机和图像专用设备组成的图像处理系统对图像数据进行输入、加工和输出。

5.2.2 数字图像处理的相关方法和结果

甲骨文的研究事关文化传承问题，具有非常重要的文化价值和传承意义。甲骨文契刻在龟甲与兽骨之上，包含大量有用的信息，是研究中国古代语言、文化、历史的基础。习近平总书记在北京主持召开的哲学社会科学座谈会上指出，甲骨文等古文字研究事关文化传承，要确保有人做有传承。

传统的甲骨文研究早期主要集中在文字考释和历史考证，随着计算机技术的不断发展，给这个古老文字的研究提供了更多的研究手段和选择，诸多原因使得"甲骨学"成为一门举世瞩目的国际性学科。甲骨文的信息化处理研究也越来越受到人们的重视。随着甲骨文研究成果的不断丰硕，出现了大量著录，这些著录中拓片上的甲骨文字成为研究甲骨文最原始的数据资料之一，但是对于成百本的著录、成千上万的拓片，依靠人工进行截取，速度慢，浪费人力和物力，甲骨著录的数字化建设就显得非常重要了，在基于已扫描著录的基础上，若能利用计算机，自行对著录中拓片文字进行定位并识别，将为甲骨文数字化研究提供便利。

对著录拓片上单字的定位研究主要包括从原始著录图像中将拓片分割出来，对拓片做预处理，检测图像中是否有符合要求的文本区，若有则从中定位文本区，对文本区进行处理，分割单字符。其中将选定的文字候选区作为 SVM 分类器的训练集，用训练好的 SVM 对输入拓片图像的候选文本集进行分类，从而获得真正的文本定位区域。其涉及图像处理中的相关技术和 SVM 技术，SVM 技术已在第 4 章做了说明，现对图像处理中的相关方法做以下介绍。

5.2.2.1 已扫描著录图像中的拓片分割

著录作为书籍，很多都是年代久远，纸张泛黄，再加上拓片本身因长年深埋地下，有不少残缺，裂痕，以及扫描过程产生的质量问题，使拓片噪声比较严重，但著录中拓片大多跟纸张颜色有着明确的不同，拓片与背景特征相差较大（一般纸张为浅，拓片为黑色，如图 5-15 所示）。因此，可以直接采用基于区域的方法将每张拓片从浅色的背景中分割出来。其中关键问题在于因缀合的拓片中间有裂缝，破损的拓片边缘可能会存在残字，进而影响到边缘的位置确定。

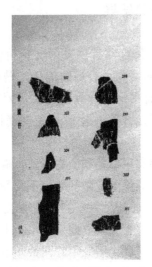

图 5-15　扫描的著录图片

基于区域的定位方法，通常是依据感兴趣区域的图像特征进行区分，提取区域相应的特征（如灰度直方图、纹理分析法等），然后运用不同尺度的滑动窗扫描原始图像，将窗口区域输入训练好的区域分类器进行分类，如支持向量机（support vector machine，SVM），保留相关区域，删除不相关区域，对保留的区域再次运用同样的方法进行扫描与判别，如此多次进行，输出相关区域。由于著录每页上每张拓片都有固定的编号信息，选定区域时可切掉每张拓片左上角右下角固定的编号信息，以减少其他非拓片文字的干扰。

（1）灰度直方图

图像的灰度直方图描述图像的灰度级内容，反映图像灰度分析状况。统计图像的灰度值，得到相应的一维离散的图像灰度统计直方图函数。它统计了一个数字图像中每个灰度级所出现的概率，同样也是一个二维图形，横坐标为图像中各个像素点的灰度级，纵坐标为各个灰度级上像素点出现的概率，它能体现该图亮与暗的程度，如图 5-16 所示。

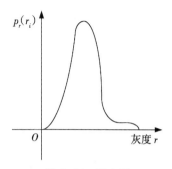

图 5-16 直方图

直方图表示数字图像中每一灰度与其出现频率间的统计关系，用来表达一帧图像灰度级的分布情况。直方图的横坐标是灰度，一般用 r 表示。纵坐标是灰度值为 r_i 的像素个数或出现这个灰度值的概率 $p_r(r_i)$。且有以下关系：

$$p_r(r_i) = \frac{灰度为\ r_i\ 像素个数}{图像像素总个数}, \tag{5-1}$$

$$\sum_{i=0}^{k-1} p_r(r_i) = 1, \tag{5-2}$$

其中，k 为一帧图像对应的灰度级数。

（2）基于统计分析的纹理分析法

统计分析法是常用的纹理分析法，通过统计图像的空间频率、边界频率及空间灰度依赖关系等来分析纹理。这种方法的典型代表是一种称为灰度共生矩阵的纹理特征分析法：在图像中任取一点 (x, y) 及偏离它的另一点 $(x+a, y+b)$，形成一个点对，设该点对的灰度值为 (i, j)，即点 (x, y) 的灰度为 i，点 $(x+a, y+b)$ 的灰度为 j。固定点 a 与点 b，令点 (x, y) 在整幅图像上移动，则会得到各种 (i, j) 的值。设灰度值的级数为 L，则 i 与 j 的组合共有 L^2 种。在整幅图像中，统计出每一种 (i, j) 值出现的次数，再将他们归一化为出现的概率 P_{ij}，则称方阵 $[P_{ij}]_{L\times L}$ 为灰度联合概率矩阵，也称灰度共生矩阵。其形成过程如图 5-17 所示。

距离差分值 (a, b) 取不同的数值组合，可以得到沿一定方向（如 $0°$、$45°$、$90°$、$135°$）相隔一定距离 $d = \sqrt{a^2 + b^2}$ 的像元之间灰度联合概率矩阵。a 和 b 的取值要根据纹理周期分布的特性来选择。当 a 与 b 取值较小时，对应于变化缓慢的纹理图像（粗纹理），其灰度联合概率矩阵对角线上的数值越大，倾向于做对角线分布；若纹理变化较快，则对角线上的数值越小，而对角线两侧上的元素值增大倾向于均匀分布。灰度共生矩纹理状况有以下 4 个关键特征描述。

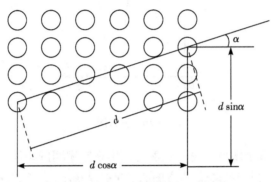

图 5-17　灰度共生矩阵的形成过程

①能量：灰度共生矩阵元素值的平方和，也称能量。它反映了图像灰度分布的均匀程度和纹理粗细度，数学定义如下：

$$f_1 = \sum_{i=0}^{L-1} \sum_{j=0}^{L-1} P_{ij}^2, \tag{5-3}$$

当 P_{ij} 数值分布较集中时，则能量较大；当 P_{ij} 数值分布较分散时，则能量较小。

②相关：度量空间灰度共生矩阵元素在行或列方向上的相似程度，因此，相关值大小反映了图像中局部灰度相关性。当矩阵元素值均匀相等时，相关值就大；相反，如果矩阵元素值相差很大，则相关值就小。相关的数学定义如下：

$$f_2 = \frac{1}{\sigma_x \sigma_y} \sum_{i=0}^{l-1} \sum_{j=0}^{L-1} (i - \mu_x)(j - \mu_y), \tag{5-4}$$

其中，μ_x，μ_y，σ_x，σ_y 分别为 $m_x = \sum\limits_{j=0}^{L-1} P_{ij}$ 与 $m_y = \sum\limits_{i=0}^{L-1} P_{ij}$ 的均值和标准差。

$$\mu_x = \sum_{i=0}^{L-1} i \sum_{j=0}^{L-1} p_{ij}, \tag{5-5}$$

$$\mu_y = \sum_{j=0}^{L-1} j \sum_{i=0}^{L-1} p_{ij}, \tag{5-6}$$

$$\sigma_x^2 = \sum_{i=0}^{L-1} (i - \mu_x)^2 \sum_{j=0}^{L-1} P_{ij}, \tag{5-7}$$

$$\sigma_y^2 = \sum_{j=0}^{L-1} (j - \mu_y)^2 \sum_{i=0}^{L-1} P_{ij}。 \tag{5-8}$$

③熵：图像所具有的信息量的度量，纹理信息也属于图像信息，是一个随机性的度量，表示了图像中纹理的非均匀程度或复杂程度。其数学表达式如下：

$$f_3 = -\sum_{i=0}^{L-1} \sum_{j=0}^{L-1} p_{ij} \log_2 p_{ij}, \qquad (5-9)$$

若 p_{ij} 分布比较均匀时，则熵较大；反之，p_{ij} 数值分布比较集中时，则熵较小。

④反差：又称主对角线的惯性矩，其数学表达式如下：

$$f_4 = \sum_{i=0}^{L-1} \sum_{j=0}^{L-1} |i-j|^2 p_{ij} \qquad (5-10)$$

对于粗纹理，p_{ij} 的数值集中于对角线附近，此时 $|i-j|$ 的值最小，所以反差也较小；反之，对于细纹理，p_{ij} 的数值比较均匀，因此，反差较大。

5.2.2.2 拓片图像预处理

从图像中提取文字是计算机视觉领域中一个重要的研究方向，近年来引起越来越多的研究者的关注，从图像中提取感兴趣区域首先要对图像预处理，预处理可采用二值化、平滑化及归一化操作，由于甲骨文长年月久地深埋地下，加之甲骨本身脆弱及出土时的损伤，造成很多甲骨有明显的裂痕、残缺，再加上扫描过程中产生的噪声及不同分辨率引起的图片质量问题，使得甲骨拓片图像噪声比较严重，对于受噪声干扰的图像，常用图像平滑方法来滤除噪声。由于图像的细节与噪声在频率域都反映为高频分量，相互混淆，所以平滑的结果是使图像模糊。如何既保持图像细节又能滤除随机噪声，一直是图像平滑的关键问题。如何尽量减少并去除噪声是研究的关键内容之一。

（1）均值滤波

均值滤波又名线性滤波，其采用的主要方法为邻域平均法。均值滤波的基本原理是用均值代替原图像中的各个像素值，即对待处理的当前像素点 (x, y)，选择一个模板，该模板由其近邻的若干像素组成，求模板中所有像素的均值，再把该均值赋予当前像素点 (x, y)，作为处理后图像在该点上的灰度个数 $g(x, y)$，即：

$$g(x, y) = \frac{1}{m} \sum_{(x, y) \in A} f(x, y) \qquad (5-11)$$

其中，A 表示以 (x, y) 为中心的领域点的集合，m 为该模板中包含当前像素在内的像素总个数。图 5-18 是拓片 H18835 均值滤波效果图。

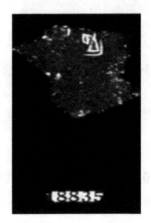

图 5-18　拓片 H18835 均值滤波效果

（2）中值滤波

中值滤波用一个含有奇数点的滑动窗口，将领域中的像素按灰度级排序，取其中间值为输出像素，中值滤波方法如下。

对一个数字信号序列 x_j（$-\infty < j < \infty$）进行滤波处理时，首先要定义一个长度为奇数的 L 长窗口，$L = 2N+1$，N 为正整数。设在某一个时刻，窗口内的信号样本为 $x(i-N)$，…，$x(i)$，…，$x(i+N)$，其中 $x(i)$ 为位于窗口中心的信号样本值。对这 L 个信号样本值按从小到大的顺序排列后，其中值在 i 处的样值，便定义为中值滤波的输出值。

它的主要功能是让与周围像素灰度值的差比较大的像素改变，并取与周围像素相近的值，从而消除孤立的噪声点。它的优点在于能够在抑制随机噪声的同时不使边缘模糊。图 5-19 则是拓片 H18188 中值滤波效果图。

（3）形态学滤波

数学形态学是针对二值图像的处理方法，其应用可以简化图像数据，保持它们基本的形状特性，并除去不相干的结构。形态学运算在图像处理中的主要作用有：获取物体拓扑和结构信息；利用形态学基本运算进行观察和处理，改善图像质量；描述图像的各种几何参数和特征；进行边缘检测等。由于甲骨拓片受损严重，一般平滑处理后仍然还有不少噪声，这会影响到后面的处理效果，所以考虑继续用形态学方法进一步处理。

图 5-19 拓片 H18188 中值滤波效果

形态学主要使用的是两类操作——膨胀和腐蚀，这两种操作也是形态学处理的基础。在形态学中，结构元素是最重要最基本的概念。结构元素在形态变换中的作用相当于信号处理中的"滤波窗口"。用 $B(x)$ 代表结构元素，对工作空间 E 中的每一点 x，腐蚀和膨胀的定义为：

$$腐蚀：X = E \otimes B = \{x：B(x) \subset E\}, \qquad (5-12)$$
$$膨胀：Y = E \oplus B = \{y：B(y) \cap E \neq \varphi\}。 \qquad (5-13)$$

X 作为腐蚀后的二值图像集合，B 作为结构元素，其内的每个元素取值为 0 或 1，它可以组成任何一种形状的图形，在图形中有一个中心点，E 表示原图经过二值化后的像素集合。用 $B(x)$ 对 E 进行腐蚀的结果就是把结构元素 B 平移后使 B 包含于 E 的所有点构成的集合。腐蚀的作用是消除物体边界点，使边界向内部收缩的过程，可以把小于结构元素的物体去除。如果两个物体间有细小的连通，通过腐蚀可以将两个物体分开。

Y 作为膨胀后的二值图像集合，B 作为结构元素，其内的每个元素取值为 0 或 1，它可以组成任何一种形状的图形，在图形中有一个中心点，E 表示原图经过二值化后的像素集合。用 $B(x)$ 对 E 进行膨胀的结果就是把结构元素 B 平移后使 B 与 E 的交集非空的点构成的集合。膨胀的作用与腐蚀的作用正好相反，它是对二值化物体边界点进行扩充，将与物体接触的所有背景点合并到该物体中，使边界向外部扩张的过程。

先腐蚀后膨胀的过程称为开运算。它可以使图像的轮廓变得平滑，断开狭窄的间断部分，还可以消除细小的突出物，一般用于去除背景中的噪声。使用结构元素 B 对集合 A 进行开运算，定义为：

$$A \cdot B = (A \otimes B) \oplus B_\circ \qquad (5-14)$$

因此，用 B 对 A 进行开操作就是用 B 对 A 腐蚀，然后再用 B 对结果进行膨胀。

先膨胀后腐蚀的过程称为闭运算。它具有填充物体内细小空洞，连接邻近物体和平滑边界的作用。使用结构元素 B 对集合 A 进行闭运算，定义为：

$$A \cdot B = (A \oplus B) \otimes B_\circ \qquad (5-15)$$

因此，用 B 对 A 进行闭运算就是用 B 对 A 膨胀，然后再用 B 对结果进行腐蚀。

甲骨图像有些字外围或中间都有一些小孔，可考虑用开操作，图 5-20 显示了拓片 H18080 经过开操作之后的结果图。

针对部分甲骨拓片图像多破损，多断裂形成的不同形状的噪声特点，可考虑多次交替使用膨胀和腐蚀操作来进一步除去非文字的部分噪声，使分割效果更明确。

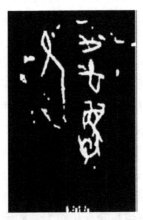

图 5-20　拓片 H18080 开操作后的图像

5.2.2.3　拓片图像中单字的定位和分割

关于文字的定位已有多种方法，其中常见的有以下几种。

（1）自适应阈值分割

为了识别和分析图像中的甲骨文字，需要将他们从图像中分离提取出来，也即图像分割，在此基础上才可以进一步对文字进行检测和处理。图像分割的方法有很多种，较经典的是基于阈值的方法进行分割，首先需要为图像选取一个阈值，所有灰度大于或等于阈值的像素被判决为属于物体，否则不属于。可以通过求直方图人为地选择阈值，通过对同一幅图像在不同阈值处理后的结果进行比较，以便找到更加理想的结果。但是这种方法效率低，在进行大量的实验时并不可取，所以还需要引进一些可以自动求取阈值的算法——自适应阈值法，由于大部分甲骨图片背景较简单，而大津法选取的阈值非常理想，对各种情况的表现都较好、较稳定，所以在此采用大津法选取阈值。下面对大津法进行详细介绍。

大津法（OTSU）是由大津于 1979 年提出，对图像 I，记 T 为前景与背景的分割阈值，前景点数占图像比例为 w_0，平均灰度 u_0；背景点数占图像比例为 w_1，平均灰度值为 u_1。图像的总平均灰度为：

$$u_1 = w_0 \times u_0 + w_1 \times u_1 。 \tag{5-16}$$

从最小灰度到最大灰度遍历 T，当 T 使得方差 $\sigma^2 = w_0 \times (u_0 - uT)^2 + w_1 \times (u_1 - uT)^2$ 最大时，T 即为分割的最佳阈值。方差为灰度分布均匀性的一种度量，方差值越大，说明构成图像的两个部分差别越大，当部分前景错分为背景或部分背景错分为前景都会导致两个部分差别变小，因此，使方差最大的分割意味着错分概率最小。

利用大津法选取合适的阈值后，就可以将预处理后的图像二值化了，对获取的拓片图像进行二值化处理后，拓片上的文字和拓片背景就分成黑白两种颜色，有利于后续文字区域的定位。合集中拓片 H18080 二值化后图像如图 5-21 所示。

图 5-21 拓片 H18080 二值后的图像

（2）基于纹理的方法

图像中的文字具有特殊的纹理属性，可以采用纹理分析的方法来对文字区域进行定位。文字纹理分析的工具包括 Gabor 滤波器等。

Gabor 变换的基本思想是把信号划分成很多小的时间间隔，用傅立叶变换分析每个时间间隔，以便确定信号在该时间间隔存在的频率，其处理方法是对 $f(t)$ 函数加一个滑动窗，再进行傅立叶变换。

Gabor 变换具有良好的时频局部化特性，即非常容易地调整 Gabor 滤波器的方向、基频带宽及中心频率从而能够很好地兼顾信号在时空域和频域中的分辨能力；Gabor 变换具有多分辨率特性即变焦能力，即采用多通道滤波技术，将一组具有不同时频域特性的 Gabor 应用于图像变换，每个通道都能够得到输入图像的某种局部特性，这样可以根据需要在不同粗细粒度上分析图像。基于纹理的方法通过考察像素的邻域，能够有效地克服背景噪声干扰和图像质量下降给定位带来的困难。同时，部分纹理分析的方法由于采用了机器学习的算法，从而比基于连通域的方法具有更强的鲁棒性。

（3）基于连通区域的方法

图像定位技术主要是针对诸如车牌识别、邮政编码识别和汉字识别等需要准确定位的技术，主要是对图像进行处理，获得特定区域内的图像信息，或对特定区域内的信息进行匹配等。甲骨文拓片图像中的噪声涉及不同大小（如多个大小不同的小孔）、不同种类（如点状的和线状噪声），在这种情况下，就需要使用有针对性的处理方法，姚金良等利用连通域方法对文本区域进行定位，本书将利用连通域方法除去剩余噪声点，并对候选文字区域进一步分析。

可选择支持二维图像输入的 *bwlabel* 函数，按照 8 连通把各个连通分量标记出来，并用矩形框选。

bwlabel 的功能是对连通对象进行标注，主要对二维二值图像中各个分离部分进行标注。$L = bwlabel(BW, n)$ 返回一个和 BW 大小相同的 L 矩阵，包含标记了 BW 中每个连通区域的类别标签，这些标签的值为 1、2、n（连通区域的个数）。n 的值为 4 或 8，表示是按 4 连通寻找区域，还是按 8 连通寻找，默认为 8。8 连通是图像处理里的基本概念，指的是一个像素，如果和其他像素在上、下、左、右、左上角、左下角、右上角或右下角连接着，则认为他们是连通的。

实现方法如下：

①读入原图数据，存放在缓冲区内，包括原图各点像素值、原图宽度和高度等。

②根据输入的阈值进行二值化，原像素大于阈值的置255，否则置0。

③检测缓冲区，从左到右、从上到下，依次检测每个像素。如果发现某像素点像素值为0，则依次检测该点的上、下、左、右、左上角、左下角、右上角或右下角共8个点的像素值，进行连通性的判断，并标识物体。

④依次逐行检测至扫描结束。如：

$BW =$

$$
\begin{array}{cccccccc}
1 & 1 & 1 & 0 & 0 & 0 & 0 & 0 \\
1 & 1 & 1 & 0 & 1 & 1 & 0 & 0 \\
1 & 1 & 1 & 0 & 1 & 1 & 0 & 0 \\
1 & 1 & 1 & 0 & 0 & 0 & 1 & 0 \\
1 & 1 & 1 & 0 & 0 & 0 & 1 & 0 \\
1 & 1 & 1 & 0 & 0 & 0 & 1 & 0 \\
1 & 1 & 1 & 0 & 0 & 1 & 1 & 0 \\
1 & 1 & 1 & 0 & 0 & 0 & 0 & 0
\end{array}
$$

按照8连通标记，连通区域个数为2，就是有2个不同的连接区域。

$[L, num] = bwlabel(BW, n)$

$L =$

$$
\begin{array}{cccccccc}
1 & 1 & 1 & 0 & 0 & 0 & 0 & 0 \\
1 & 1 & 1 & 0 & 2 & 2 & 0 & 0 \\
1 & 1 & 1 & 0 & 2 & 2 & 0 & 0 \\
1 & 1 & 1 & 0 & 0 & 0 & 2 & 0 \\
1 & 1 & 1 & 0 & 0 & 0 & 2 & 0 \\
1 & 1 & 1 & 0 & 0 & 0 & 2 & 0 \\
1 & 1 & 1 & 0 & 0 & 2 & 2 & 0 \\
1 & 1 & 1 & 0 & 0 & 0 & 0 & 0
\end{array}
$$

这里 $num = 2$，然后计算各连通分量的面积，利用 $regionprops$ 函数求各个连通区域面积，这里 $regionprops$ 函数实际求得的是各个连通区域实际的像素点数，并由此获得最大连通域像素个数。连通分量面积用以下公式表示：

$$S = \sum_{x=0}^{m-1} \sum_{y=0}^{n-1} f(x, y)。 \tag{5-17}$$

对连通区域进行分析，删除像素个数小于某经验值的连通域，且经过多次实验，噪声形成的连通区域与文字连通区域无论在形状上还是在大小上都存在显著区别，因此，将用删除小面积区域的方式去除部分噪声。实验结果表明，这种方法获得的连通域大都是潜在的文字区域。图 5-22 显示了 H18080 经过上述操作并用矩形框定后的效果图之后的结果图。

图 5-22　候选文字区

（4）基于机器学习的算法

基于机器学习的算法，主要通过机器学习强调文本区域与非文本区域的区别来实现分类，但检测效果对训练样本的选择有一定的依赖性。为了使算法更具稳定性，很多情况下将基于机器学习的方法与上面的方法结合起来。本书拟将选定的文字候选区作为 SVM 分类器的训练集，用训练好的 SVM 对输入拓片图像的候选文本集进行分类，获得真正的文本定位区域。

5.3　基于支持向量机的拓片文字定位方法研究

5.3.1　实验数据

《甲骨文合集（套装全 13 册）》是由郭沫若主编，中国社会科学院历史研究所编集的一部大型甲骨文资料书。它收集了自清末甲骨出土以来，除小屯南地以外的所有甲骨文拓本，集甲骨文资料的大成，是研究商代史及上古汉语的必备重要书。全书图版部分将甲骨分期分类编排。首先按时代先后分为 5 期，然后在每期内再按内容分为 22 类。

　　本书实验对 2000 幅甲骨图片进行了测试，图片主要来源于《甲骨文合集（套装全 13 册）》中的拓片，实验将合集中选择的有代表性的 2000 幅拓片图像按照 3 个类别进行检测，第 1 类是背景和文字都清晰、噪声少且单个文字笔画都连通的拓片（图 5-23），第 2 类是背景和文字都较清晰、噪声少但是个别文字某笔画不连通的拓片（图 5-24），第 3 类是背景较模糊、噪声较重的拓片（图 5-25）。第 1 类拓片中文字使用一般的处理方法都能被准确定位出来，在此使用预处理后直接标注连通分量。第 2 类中由于个别字某个笔画不连通会出现两个定位框，为尽可能避免这些字在刚开始时就被分离，后期采用先膨胀再腐蚀，最终结果能够较容易地圈画出整个字，且此时小噪点像素值已为 0，无法恢复其边缘。同时采取计算最小外接矩形之间宽度，将矩形坐标重合的和宽度小于某值的合并成一个矩形框，也可将大部分文字检测出来。第 3 类拓片由于噪声较大且有的噪声已覆盖文字，用普通的去噪会在去噪的同时直接去除某些单字的部分笔画，通过标注各连通区域后，所有像素平均值，将之前标记的每一小块区域与当前平均值进行比较，并将小于该像素值的区域的像素置为 0，达到删除小面积的目的，得到的结果也更为平均、更加可靠。或是自行选择输入删除的像素面积大小，通过对比，同样将小于输入值的像素置为 0，达到删除小面积的目的。可以人工进行选择，从而结果不单一，可多次试用，也可以进行撤销并重新进行选择，选择一个合适的值。

图 5-23　拓片示例 1

图 5-24　拓片示例 2

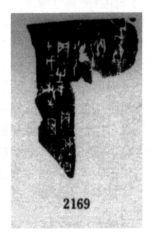

图 5-25　拓片示例 3

5.3.2　步骤描述

对拓片上单字的定位研究主要包括对原始图像做预处理，分类去除噪声，检测图像中是否有符合要求的文本区，若有则从中定位文本区，对文本区进行基于连通分量的处理，得到候选文本区域；然后对这个候选文本区域进行标记，分为文本和非文本，作为 SVM 学习的训练集；最后用训练好的 SVM 对输入拓片图像的候选文本集进行分类，获得真正的文本定位区域，将很好地解决纯手工提取甲骨文字的误差和效率问题，并可作为进一步分析定位的甲骨文字并识别甲骨文字的基础。

（1）图像预处理

由于甲骨常年埋在地下，连同出土时造成的一些损伤及扫描过程中引起的一些问题，使得甲骨图片质量有所下降，使得很多拓片背景亮度不一致，为了消除图片中亮度不一致的背景，先对原始图像进行背景亮度的估计，可以使用数学形态学对原始图像进行处理。使用 imopen 函数和一个半径为 16 的圆盘形结构元素对输入的原始图像进行形态学开运算，去掉那些不包含在圆盘中的对象，从而实现对背景亮度的估计。接着将背景图像从原始图像中减去，从而得到一幅新的背景较一致的图像。对上述处理后的图像调节对比度，获得一幅增强图像。图 5-26 a 是甲骨文合集中编号为 H18080 的原始拓片图像，图 5-26 b 是它的增强图像。

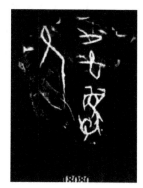

a 原始图像　　　　　　　　b 增强图像

图 5-26　拓片 H18080 图像

通过对大量拓片图像进行去噪处理，根据处理效果，最后选择了两种主要的去噪算法——中值滤波和形态学滤波，这两种滤波方法基本可以满足不同噪声图像的处理要求。

（2）拓片图像中单字的定位和分割

为了识别和分析图像中的甲骨文字，需要将他们从图像中分离提取出来，也即图像分割，在此基础上才可进一步对文字进行检测和处理。图像分割的方法有很多种，本书采用典型的基于阈值的方法进行分割，阈值分割是一种简单有效的图像分割法。其基本原理是通过设定不同的特征阈值，把图形像素点分为若干类，适用于物体与背景有较强对比的图像分割，甲骨拓片主要有黑白两色，且背景以黑色为主，上面的甲骨文字却大多为白色，因此，选择阈值分割来进行处理是比较有效的，由于大津法选取的阈值非常理想，对各种情况的表现都较好、较稳定，所以在此拟采用大津法选取阈值。利用大津法选取合适的阈值后，就可以将预处理后的图像二值化了，对获取的拓片图像进行二值化处理后，拓片上的文字和拓片背景就分成黑白两种颜色，有利于后续文字区域的定位。

由于甲骨拓片受损严重，上述处理后仍然还有不少噪声，这会影响到后面的处理效果，所以在此继续用形态学方法进一步处理，选用先膨胀再腐蚀，可得到较理想效果。

经过前面的处理，可以看到图像上还是存在很多没有去除的噪声点，在这种情况下，就需要使用有针对性的处理方法，首先，根据拓片特征，本书选择支持二维图像输入的 bwlabel 函数，按照 8 连通把各个连通分量标记出来，并用矩形框选；然后计算各连通分量的面积，利用 regionprops 函数求各个连通区域面积，这里 regionprops 函数实际求得的是各个连通区域实际的像素点数，并由此获得最大连通域像素个数。对连通区域进行分析，删除像素个数小于某经验值的连通域，且经过多次实验，噪声形成的连通区域与文字连通区域无论在形状上还是在大小上都存在显著区别，因此，将用删除小面积区域的方式去除部分噪声。实验结果表明，这种方法获得的连通域大都是潜在的文字区域。图 5-27 显示了 H18080 经过上述操作并用矩形框定后的效果图之后的结果图。

图 5-27　候选文字区

（3）候选区域的后处理

采用连通区域标注选定的文字候选区中，由于甲骨文字中部分笔画的不连贯，致使一个候选文字区中往往出现多个较小的连通区，也即形成相邻连通域或者重叠连通域，本书按照蔡锋等的方法，根据行间最小间隔（min margin of lines）进行上下相邻两个连通域的合并。

另外，由于甲骨拓片破损严重，经过上述处理会形成一些难以去除的线状噪声。在此将利用最小外接矩形宽高比（表现甲骨字体的扁平度）应大于一定阈值，小于此值的舍去，可去除线状噪声。

（4）SVM 分类

目前，SVM 已广泛应用于分类、回归、密度估计等领域，在手写字识别、人脸检测、文本自动分类等问题中，都有 SVM 成功的应用。本书拟将选定的文字候选区作为 SVM 分类器的训练集，用训练好的 SVM 对输入拓片图像的候选文本集进行分类，将获得真正的文本定位区域。

以下是过程实现主要代码。

```
axes(handles.axes5);%中值滤波处理
x = handles.img;
x2 = x;
[row,col] = size(x);
for i = 2:row-1
    for j = 2:col-1
tem = x(i-1:i+1,j-1:j+1);
x2(i,j) = median(tem(:));
end
end
imshow(x2);
axes(handles.axes5);%去除背景
y3 = handles.img;
background = imopen(y3,strel('disk',16));
set(gca,'Ydir','reverse');
x3 = imsubtract(y3,background);
x4 = imadjust(x3,stretchlim(x3),[0 1]);
level = graythresh(x4);
BW = im2bw(x4,level);
imshow(BW);
T = getimage;        %增加对比度
```

```
T=imadjust(T,[0.3   0.7],[]);
imshow(T);
T=getimage;%分割
I=double(T);
B=(min(I(:))+max(I(:)))/2;
done=false;
i=0;
while  ~done
r1=find(I<=B);
r2=find(I>B);
Tnew=(mean(I(r1))+mean(I(r2)))/2;
done=abs(Tnew-B)<1;
B=Tnew;
i=i+1;
end
I(r1)=0;
I(r2)=1;
imshow(I);
T=getimage;%框选
I=double(T);
B=(min(I(:))+max(I(:)))/2;
done=false;
i=0;
while  ~done
r1=find(I<=B);
r2=find(I>B);
Tnew=(mean(I(r1))+mean(I(r2)))/2;
done=abs(Tnew-B)<1;
B=Tnew;
i=i+1;
end
I(r1)=0;
```

```
I(r2)=1;
imshow(I);
%去除不是字的白色部分
level = graythresh(double(I));
I = im2bw(I,level);
bwAreaOpenBW = bwareaopen(I,50);
imshow(bwAreaOpenBW);
[l,m]=bwlabel(bwAreaOpenBW,8);
status=regionprops(l,'BoundingBox');
imshow(bwAreaOpenBW);
%xlabel('最小外接矩形');
for i=1:m
rectangle('position',status(i).BoundingBox,'edgecolor','r');
end
```

5.4 总结

　　本章介绍了基于计算机视觉的文本定位方法和数字图像处理的相关概念及处理方法，分析了甲骨文图像研究现状和支持向量机在图像检测和定位方面的应用研究，将支持向量机应用到甲骨拓片文字定位研究中，通过拓片图像预处理、单字分割、候选区域的后处理及最后的 SVM 分类，最终实现甲骨文拓片单字定位，较好地实现了甲骨拓片文字的提取。但该方法在某些复杂背景或噪声比较严重的拓片图像中，定位效果不太理想。在强噪声环境下定位拓片中的甲骨文是甲骨文字研究的基础问题，如何更好地去除噪声、如何找出文字区和非文字区的本质特征并将他们区别开来，最终实现甲骨文字的定位与识别，将是下一步的主要任务。

参考文献

［1］　唐毅，郑丽敏，任发政，等. 基于几何特征的图像感兴趣区域的自动定位研究
　　　　［J］. 计算机工程，2007，33（1）：200-203.
［2］　CHEN X, YUILLE A L. Detecting and reading text in natural scenes ［C］//

Proceedings of the 2004 IEEE Computer Society Conference on Computer Vision and Pattern Recognition, 2004, 2: 366-377.

［3］ HANIF S M, PREVOST L, NEGRI, P A. A cascade detector for text detection in natural sceneimages ［C］. 19th International Conference on Pattern Recognition, 2008: 1-4.

［4］ SHEHZAD MUHAMMAD HANIF , LIONEL PREVOST. Text detection and localization in complexscene images using constrained adaboost algorithm ［C］. Proceedings of the 2009 10th International Conference on Document Analysis and Recognition, 2009: 1-5.

［5］ WEILIN HUANG, ZHE LIN, JIANCHAO YAN, et al. Text localization in natural images using stroke feature transform and text covariance descriptors ［C］. In Proceedings of the IEEE International Conference on Computer Vision, 2013: 1241-1248.

［6］ LUKAS NEUMANNAND , JIRI MATAS. A method fortext localization and recognition in real-world images ［C］. In Asian Conference on Computer Vision, 2010: 770-783.

［7］ 周新伦, 李锋, 华星城, 等. 甲骨文计算机识别方法研究 ［J］. 北京信息科技大学学报, 1996 (5): 481-486.

［8］ 鄢格斐, 顾绍通, 杨亦鸣. 基于数学形态学的甲骨拓片字形特征提取方法 ［J］. 中文信息学报, 2013, 27 (2): 79-85.

［9］ 吕肖庆, 李沐楠, 蔡凯伟. 一种基于图形识别的甲骨文分类方法 ［J］. 北京信息科技大学学报, 2010 (增刊2): 92-96.

［10］ 栗青生, 吴琴霞, 王蕾. 基于甲骨文字形动态描述库的甲骨文输入方法 ［J］. 中文信息学报, 2012, 26 (4): 28-33.

［11］ 栗青生, 杨玉星, 王爱民. 甲骨文识别的图同构方法 ［J］. 计算机工程与应用, 2011 (8): 112-114.

［12］ 高峰, 吴琴霞, 刘永革, 等. 基于语义构件的甲骨文模糊字形的识别方法 ［J］. 科学技术与工程, 2014 (30): 67-70.

［13］ 史小松, 黄勇杰, 刘永革. 基于阈值分割和形态学的甲骨拓片文字定位方法 ［J］. 北京信息科技大学学报, 2015, 29 (6): 7-10, 24.

［14］ 宋倩. 基于小波和支持向量机的图像垃圾邮件过滤应用研究 ［D］. 长春: 东北师范大学, 2013.

［15］ 刘芳, 路丽霞, 王洪娟, 等. 基于稀疏自动编码器和支持向量机的图像分类 ［J］. 系统仿真学报, 2018, 30 (8): 3007-3014.

［16］ 黄勇杰, 史小松. 基于机器学习的低分辨率图像增强和细节匹配方法 ［J］. 科学技术与工程, 2017 (18): 271-276.

［17］ 支力佳, 张少敏. 基于排序支持向量机的组合相似度图像检索 ［J］. 计算机应用, 2017, 37 (增刊1): 165-168, 172.

［18］ 赵小川, 何灏, 缪远程. MATLAB 数字图像处理实战 ［M］. 北京: 机械工业出版社, 2013.

［19］ 杨淑莹. 图像识别与项目实践 ［M］. 北京: 电子工业出版社, 2014.

［20］ 张一夫. 碑帖图像文字的分割与提取 ［D］. 哈尔滨: 哈尔滨工业大学, 2006.

［21］ 彭艳兵，关韵竹. 基于区域特征与支持向量机的场景文字定位算法［J］. 计算机
与现代化，2016（12）：87-91.

［22］ XIAOSONG SHI, YONGJIE HUANG, YONGGE LIU. Text on oracle rubbing segmen-
tation method based on connected domain［C］. 2016 IEEE Advanced information Com-
municates, Electronic and Automation Control Conference（IMCEC, 2016）.

［23］ 姚金良，翁璐斌，王小华. 一种基于连通分量的文本区域定位方法［J］. 模式识
别与人工智能，2012，25（2）：325-331.

［24］ 宋文，陈国龙. 基于小波和形态学的图像文本定位方法［J］. 宿州学院学报，
2013，28（2）：76-78.

［25］ 张建明，王娟，张菊，等. 基于条件笔画密度提取的文本定位方法［J］. 计算机
工程与设计，2011，32（10）：3446-3449.

［26］ 孙慧平，刘党辉，沈兰荪. 基于 DCT 压缩域的快速字符定位算法研究［J］. 电子
学报，2006，34（4）：751-754.

［27］ QIAN X M, LIU G ZH, WANG H, et al. Text detection, localization, and tracking
in compressed video［J］. Signal processing：image communication, 2007, 22（9）：
752-768.

［28］ LI SH T, SHEN Q H, SUN J. Skew detection usingwavelet decomposition and projection
profile analysis［J］. Pattern recognition letters, 2007, 28（5）：555-562.

［29］ 李波，曾志远，周建中. 一种自适应车牌图像定位新方法［J］. 中国图形图像学
报，2009，14（10）：1978-1984.

［30］ 关山，崔玉萍，孙业明. 基于水平扫描的汽车牌照图像定位与分割［J］. 计算机
工程与设计，2005，26（5）：1369-1372.

［31］ 刘庆祥，蒋天发. 一种新的车牌图像自动识别系统［J］. 武汉理工大学学报，
2004，28（6）：891-894.

［32］ 程豪，黄磊，刘昌平，等. 基于笔画和 Ada boost 的两层视频文字定位算法［J］.
自动化学报，2008，34（10）：1312-1318.

［33］ LIU X B, FU H, JIA Y D. Gaussian mixture modeling and learning of neighboring
characters for multilingual text extraction in images［J］. Pattern recognition, 2008, 41
（2）：484-493.

［34］ 蔡锋，刘立柱. 基于连通域分析和支持向量机的传真图像关键词定位［J］. 计算
机应用，2010，30（5）：1259-1261.

［35］ LEE J J, LEE P H, LEE S W, et al. Ada Boost for text detection in natural scene
［C］//International Conference on Document Analysis and Recognition, 2011：
429-434.

［36］ MINETTO R, THOME N, CORD M, et al. T-HOG：an effec-tive gradient-based
descriptor for single line text regions［J］. Pattern recognition, 2013, 46（3）：
1078-1090.